しぐさや
行動を探る
最新アプローチ!

柴犬の気持ちと飼い方がわかる本

監修
ダクタリ動物病院総合院長
加藤 元
日本犬保存会審査部部長
岩佐和明

主婦の友社

コロコロ
どこもかしこも
まるっこい
うしろ姿も
ラブリー
生まれて
まだ10日
まだ目も開いてなくて、自力で移動もできない時期です。
まだ3等身ぐらいでヨチヨチ歩きます。しっぽもまだ巻いていません。（生後1カ月半）
つかれたよー
どんな表情も
かわいすぎ
アンニュイ
見返り
たまにキリリ

子犬のころは

黒柴ブラザーズ

子犬なのに足が太くてしっかりしています。(生後1カ月半)

勢いあまって
コロ〜ン！

キリリ！

昔は狩猟犬として活躍した柴犬。俊敏な動きから、当時の姿が思い浮かびます。

切れ長の目、かしこそうな顔つき

理知的な見た目も柴犬人気のヒミツ。審査会で受賞多数のこの名犬たちも、精悍でキリリとしています。

紅虎（べにとら）
（3才）

古乃虎嵐（いにしえのとらあらし）
（1才）

成長すると
ニヤリ
アハハハハ
でも
ときには
こんな表情も
なにか？
ワ～イ！

ダクタリ動物病院総合院長
加藤 元

かとう・げん●1932年兵庫県神戸市出身。北海道大学獣医学部卒業。1964年東京都杉並区でダクタリ動物病院を開院。ダクタリ動物病院（全国21病院）創始者・代表。1973年のアメリカ・カンザス州立大学を皮切りに、コロラド／カリフォルニア／フロリダの各州立大学で客員教授を歴任し、現在もコロラド州立獣医科大学客員教授／日本親善大使（2011～2013年）を務める。1987年全米動物病院協会学術エクセル・アワード、1994年同協会学術ウォルサムアワードを外国人として初めて受賞。2014年世界小動物獣医師会小動物ヘルスケア賞を世界では13人目、日本人では初受賞。世界で最も進歩したアメリカの小動物獣医学と教育の紹介、日本の動物病院のレベルの向上と継続教育に尽力。また一般財団法人J-HANBS（ジェイハンブス）代表理事として、「人と動物と自然の絆を大切にする」活動の推進にあたる。

柴犬の子犬を手にしたあなたに、おめでとう。
あなたは天が授けた小さな命を手に入れました。
その子犬は、ほんの数カ月前に
この世に生をうけたばかり。
あなたには責任を持って
その命を最期まで預かる覚悟をしてほしいのです。
飼い主となったあなたに、
守ってほしいルールが6つあります。

1 良質な食事を与える。

2 できるかぎり、あらゆる病気の予防に努める。

3 ふだんから犬をよく観察し、平素と違う様子が見られたときは、ただちに受診する。

4 誤食やけがをしないよう安全対策を万全にする。

5 生後3～16週ごろまでは感受性の豊かな時期（社会化期）。この時期に生活環境に慣れさせ、人が好きで安全な犬に育てる。

6 すべての問題行動は、社会化不足から生まれる。飼い主は責任を持って、社会化をしっかり行う。

この6つのルールは犬の育て方の基本です。この基本を大切にしてください。犬が一生幸せに暮らせるかどうかは、あなたの手にかかっているのです。

人と動物と自然の絆を大切に

J-HANBSの活動

この本の中には、生後4カ月までの子犬の「社会化の感受性期」がいかに大切かが繰り返し出てきます。それと同じように人間の子どもも「社会化の感受性期」や「思春期」に動物や自然とふれ合うことが大切だと、すでに1970年代の世界の研究で明らかになっています。HANBとは、人と動物と自然の絆（ヒューマン・アニマル・ネイチャー・ボンド）のこと。人と動物と自然の絆を、心情的にも科学的にも大切にすることで、人の心が動く、心が育つことをHANB教育で実践し、進めていく活動をしているのがJ-HANBS（ジェイ・ハンブス）です。ぜひホームページで活動内容をご覧ください。
http://www.j-hanbs.or.jp/

日本犬保存会審査部部長

岩佐和明

いわさ・かずあき●1947年島根県安来市出身。早稲田大学法学部卒業。犬好きで日本犬保存会会員だった父親の影響を受け、子どものころから柴犬に興味を持つ。大学時代には国内各地のブリーダーを訪れて多くの柴犬を見て回り、1971年に自らも日本犬保存会に入会。1992年日本犬保存会審査員に就任し、2008年には審査部副部長（柴犬チーフ）に、2016年には審査部部長に。アメリカ、ヨーロッパ諸国、台湾など海外の展覧会での審査も経験。アメリカのThe National Shiba Club of Americaの機関誌に、柴犬審査についての寄稿も。2005年に日本犬保存会主催の第102回全国展で、準最高賞を受賞した名犬・無双乃鈴春号（むそうのすずはるごう）を作出したことでも知られる。

柴犬は1万年以上も前から日本に生息し、長い間日本人のよきパートナーであり続けてきた犬です。長い年月を経ても、柴犬の姿や形は昔からほとんど変わっていません。そのため、天然記念物にも指定され、「生きた文化財」ともいわれています。このように柴犬が純粋種として残っているのは、柴犬を愛する人たちが手間と時間をかけ、財産をなげうつほどの苦労や努力を重ねた結果なのです。

柴犬を飼っている方やこれから飼おうとしている方の中には、柴犬のりりしさやかしこさに引かれて選んだ方が多いと思います。実はその外見や気質も、先人たちが守り育ててきたものなのです。

ときにはそんな背景にも思いをはせ、あなたの選んだ柴犬を大切に育てていってほしいと思います。

日本犬の
保存と繁殖に貢献

日本犬保存会

日本で育った純粋な日本犬（柴犬、紀州犬、四国犬、甲斐犬、北海道犬、秋田犬）は、精悍な容姿、忠実な性格、日本の風土に合った体質などが長く受け継がれ、国の天然記念物に指定されています。貴重な日本犬の保存と繁殖を推奨するため昭和3（1928）年に創設され、日本国内最古の犬種団体として活動しているのが公益社団法人 日本犬保存会です。毎年約3万5000頭の柴犬が登録されます。活動は、登録された犬の犬籍簿の整備、血統書の発行、展覧会の開催、日本犬に関する情報の発信などさまざま。さらにくわしい活動内容は、ホームページでご覧になってください。

http://www.nihonken-hozonkai.or.jp/

本書の撮影にご協力いただいた犬舎

日本犬保存会山梨支部

新耀荘

山梨県甲府市住吉4-5-5
TEL／090-3207-2067

二代新耀荘

山梨県甲府市右左口町3179
TEL／090-3040-4498

石和小椋荘

山梨県笛吹市石和町上平井644-1
TEL／055-262-7494

日本犬保存会群馬支部

番外地荘

群馬県高崎市吉井町馬庭1026-3
TEL／027-388-3250

日本犬保存会三多摩支部

蛇犬荘

東京都府中市日新町5-60-5
TEL／090-6043-4277

もくじ

contents

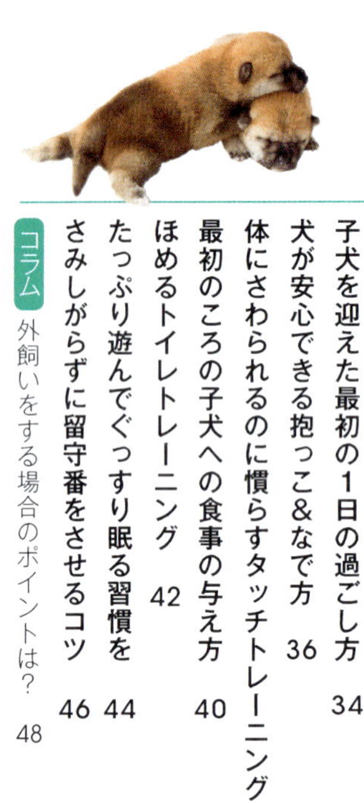

1章 いっしょに暮らす準備と基本のしつけ

2章 社会化とパピートレーニング

3章

お散歩、お出かけレッスン

4章

しぐさや行動から気持ちを知る

5章

日常のお手入れ

6章 柴犬の健康をつくる食事

7章 柴犬の健康管理&気をつけたい病気

8章 困った行動の予防と対処法

協力先企業

＊本書内で以下の企業の製品は、丸囲みのアルファベットで示してあります。

Ⓑバーディ ☎03-3842-4107
Ⓓドギーマンハヤシ 0120-086-192
Ⓖグッドウィル ☎06-4794-1665
Ⓘアイリスオーヤマ 0120-211-299
Ⓛライフネットワーク 0120-171-889
Ⓝ日本ヒルズ・コルゲート（ヒルズお客様相談室） 0120-211-311
Ⓡリッチェル ☎076-478-2957
Ⓥビバテック ☎072-275-4747

※掲載の商品の中には、現在取り扱いのない種類のものがあります。

＼柴犬の／
ルーツ

柴犬ってどんな犬？

縄文時代から日本に生息していた柴犬

柴犬をはじめとする日本犬のルーツは、古く1万年以上も前にさかのぼります。縄文時代の遺跡として知られる愛媛県の上黒岩岩陰遺跡などから、柴犬と思われる犬の骨が発掘され、これが日本犬の祖先といわれています。

弥生時代には、渡来人の連れてきた犬と日本在来の犬が入り交じり、日本犬の原型ができたという説があります。しかし、弥生時代に入ってきた犬はそれほど多くなく、在来犬の姿を大きく変えるような影響は与えなかったともいわれます。そして、江戸時代にいたるまで、島国の日本において、日本犬は純血種として昔からの姿を変えずに生息してきました。

１９３６年、柴犬は天然記念物に指定される

明治時代になり、文明開化とともに日本にもたくさんの洋犬が入ってきました。日本犬も、洋犬との交配によって雑種化が急速に進み、特に都会では純粋な日本犬がどんどん少なくなっていきました。

この傾向は大正時代になるとさらに加速したため、これを憂えた愛犬家や学者などが日本犬保存運動を起こし、１９２8年に「日本犬保存会」が創設されました。

これを機に、古くから日本に土着する犬を総称して「日本犬」と呼び、その中で小型のものを「柴犬」と呼ぶようになったのです。そして、１９３６年には、柴犬は天然記念物に指定されました。

古くから姿を変えずに残ってきたからこそ、天然記念物に指定された。

現在の柴犬は、「石コロ系」

明治・大正時代には、純度の高い柴犬は、地方の山間部などでしか見られなくなってきました。そこで、昭和初期になると、熱心な愛犬家たちは深い山に分け入り、純粋な柴犬を連れ出してきて、「山出し犬」として珍重しました。その中にいたのが、島根の「石」号(オス)、四国の「コロ」号(メス)という2頭の山出し犬です。現在、日本犬保存会に犬籍がある柴犬たちは、ルーツをたどるとすべて石号とコロ号に行きつくため、「石コロ系」と呼ばれることもあります。

役割を変え、日本人に寄り添ってきた柴犬

古代日本では、猟犬として活躍していたことが推測される柴犬。平安時代には鷹狩りや鴨猟でも柴犬が使われたとの説もありますし、江戸時代にも将軍家に鷹狩り用として飼われていたのではないか、ともいわれています。

また、戦前・戦後の世が荒れている時期には番犬として、平和な現代では愛玩犬というように、柴犬は世につれ役割を変えながら、常に日本人に寄り添ってきたのです。

「石」号と「コロ」号の系統図

コロ ♀
四国・昭和5年生

石 ♂
島根・昭和5年生

ハナ ♀
鳥取

アカ ♂
富嶽

明月 ♀
山梨

紅子 ♀
赤石荘

アカニ ♂
機山荘

中 ♂
赤石荘・昭和23年生

「ほぼ理想に近い体型」と評され、名犬として名高い「中」号。戦後、この「中」号を父とする、すぐれた柴犬が全国に広がった。

現在の柴犬につながっていく

(出典・画像提供／日本犬保存会)

＼柴犬の／
現在

海外でも高まる柴犬の人気

台湾から始まった海外での柴犬人気

日本では常に人気犬種の上位に入り、広く愛されている柴犬ですが、海外でも年々人気が高まっています。海外の人は、柴犬の素朴ながら凛とした姿に知性を感じたり、洋犬とは違った被毛の色に魅力を感じたりするようです。

日本犬保存会が、海外で柴犬の展覧会にかかわるようになったのは、１９８０年代初めの台湾が最初でした。台湾では30年以上前から年に数回の展覧会が開かれて、毎回、日本犬保存会の審査員が審査を行っています。台湾は日本とのつながりが長い分、評価の高い柴犬がたくさん渡っていて、現地でもいい柴犬が繁殖されています。

欧米では人気が定着。最近は中国でもブーム

アメリカは、台湾より少し後に西海岸在住の日系人を中心に「米国柴犬愛好会*」を設立。この会主催の展覧会にも、日本犬保存会は審査員を派遣していました。

アメリカに次いで柴犬人気が広がっていったのが、ヨーロッパです。イタリアを中心に、スウェーデン、ポーランド、オランダ、ロシアなど各地に柴犬愛好家が増えていき、展覧会にはたくさんの柴犬が集まります。

近年は、中国の富裕層の間で日本の良質な柴犬を飼うことがブームとなり、３年ほど前から中国国内でも展覧会が開かれています。また、韓国でも柴犬ファンが着々と増えています。柴犬が世界のあちこちに広まり、知られることで、その人気は今後もますます高まっていくことでしょう。

柴犬以外の日本犬も人気

2014年、オランダ展覧会にて。

*この会は2016年で閉会し、現在は「コロニアル柴犬クラブ」が継承。

海外での柴犬の展覧会風景

展覧会では、参加した柴犬がいかに純粋種として理想の姿に近いかを審査員が評価します。
それにより、各国でもすぐれた柴犬が増えています。

2014年。柴犬だけでなく、日本犬の全犬種が参加しました。

2013年。ヨーロッパでの展覧会は、主に郊外の避暑地で開催されます。

2017年。柴犬ファンには親日家も多く、現地の人が甲冑姿に。展覧会の規模が大きく、ヨーロッパ各地から約50頭の柴犬が参加。

中国

2016年。中国では3年前から、年5～6回のペースで展覧会が開かれています。

2017年。秋田カップ＆日本犬保存会展覧会でのひとコマ。口中検査で歯が42本そろっているかを見ています。

2016年。柴クラシック・イン・アメリカにて。フランス人が輸入した犬がイタリアで子犬を産み、アメリカに輸入されて参加。胡麻毛の被毛が珍しいと目を引きました。

写真提供／岩佐和明

\柴犬の/
外見

気迫と品格があり、力強い外見

日本犬の本質は、「悍威（かんい）に富み、良性にして素朴の感あり」と日本犬保存会の日本犬標準に記されています。「悍威」とは気迫、「良性」とは素直な性質、「素朴」とは飾り気はないが、品位のある美しさ、ということ。柴犬は、もともと野山をかけめぐっていた野生に近い犬種のため、体は筋肉質で、動作は俊敏。理知的で切れ長の目、三角形でしっかり立った耳、巻いた尾など、力強さがあらわれる外見も特徴です。日本犬の本質や魅力をすべて備え、凛とした姿をしているのが柴犬なのです。

柴犬の外見ポイント

耳

頭部に調和した大きさで、不等辺の三角形。少し前傾し、ピンと立つ。

目

やや三角形で、目じりが少しつり上がった力のある奥目で、濃茶褐色が理想。

毛

柴犬は上毛と下毛の二重被毛（p.104参照）。上毛は、かたくてまっすぐで、冴えた色調。健康的なツヤがある。下毛は、淡い色調で、やわらかく密生している。

しっぽ

適度な太さで力強く、巻尾か差尾（巻かずに前方に傾斜している尾）。長さは、伸ばすとその先端がほぼ飛節（ひせつ）に達する。

標準サイズ

	オス	メス
体高	39.5㎝（38～41㎝）	36.5㎝（35～38㎝）
体重	9～11kg	7～9kg

※体高は肩甲骨の後ろから地面までの高さ（垂直距離）。

毛色は4種で、「裏白」が標準

柴犬の毛色は、大きく分けて赤、黒、胡麻、白の4種類。
どの毛色の犬も、「裏白」といって、あご、胸、四肢の内側など、
体の裏側が白くなっているのが標準とされます。

黒

「鉄錆色」といって、やや褐色を帯び、光沢がなくいぶしたような黒が理想。

赤

柴犬の約80%を占めるほど多い毛色。赤みの濃さは犬によりいろいろ。

白

最近人気がある色。しかし、白い柴犬同士の子犬は多くが白になってしまう確率が高く*、ほかの毛色の保存を考え、あまりブリード(繁殖)されない。

胡麻

赤、黒、白の3色がまじった色合い。赤みが強いのは赤胡麻、黒色が強いのは黒胡麻と呼ばれる。

子犬期には、"黒マスク"のある犬も

柴犬の子犬は、「黒マスク」といって口のまわりの毛が黒いことがあります。これは、成長するにつれてだんだん薄くなり、6カ月〜2才ごろまでになくなるのが一般的。

黒マスクのある子犬(生後45日)。

*赤毛、黒毛、胡麻毛同士の繁殖の場合は、それぞれ別の毛色の子犬が生まれることもあるが、白毛同士の場合のみ、子犬も白毛だけ生まれる可能性が高い。

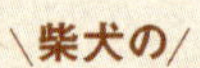

＼柴犬の／

性質

かしこく、奥ゆかしく、飼い主には忠実

柴犬は、日本犬の中でも最も人気があり、洋犬と比べても人気は常に上位です。古くから柴犬が愛され続けてきたのは、素朴で凛とした姿だけでなく、性質が日本人に合っていたからでしょう。

柴犬の性質の特徴は、忠実で従順、忍耐強いことだといわれます。かつて猟犬だったこともあり、飼い主の指示に敏感な犬種です。感情表現は洋犬のようにオープンではありませんが、奥ゆかしく飼い主に寄り添うところが日本人に好まれます。

闘争心、警戒心、独立心が強い

柴犬は、古くから狩猟犬として飼われていたせいか、闘争心が強い面があります。また、ほかの犬や人に対して、警戒心を示すことも。独立心も強いので、飼い主にベタベタと甘えることも少ないでしょう。

けれども、柴犬は本来、素直で誠実な性質を持っています。社会化期（p.50）に適切なしつけをしっかりすれば、おだやかで飼いやすい性質に育つはずです。

自然の中では、野性味あふれる姿に

柴犬は、特定の目的のためにつくられた多くの洋犬とは違い、古くから姿を変えずにきました。今でも、柴犬の行動には、野生の血を感じさせる部分があります。家庭でペットとしてかわいがるだけでなく、たまには柴犬を自然豊かな場所に連れていき、思い切り走り回らせてあげたいものです。引き締まった体で活発に動く姿を見ると、かつて優秀な猟犬だった柴犬の野性味をあらためて感じることができるでしょう。

「豆柴」という犬種はない

トイプードルやミニチュアダックスのように、洋犬種の中には人為的にミニ化された犬種が見られます。しかし、「豆柴」はもともと存在せず、偶然小さく生まれた個体や、人為的に小さく育てた個体で、犬種ではありません。日本犬保存会やジャパンケネルクラブなどの登録団体でも、公認されていません。

育てているうちに思いがけず大きく(標準サイズに)育ったり、幼犬期に大きくならないよう食事制限をして育てられたことで成長に悪影響が出たり、豆柴についてはいろいろなケースが報告されています。飼うときはそのような点を知ったうえで、責任を持って育てましょう。

オスとメスで性格の傾向が違う

柴犬のオス犬とメス犬では違いがあるといわれます。オスは、よその犬や外の環境に気持ちが向かいやすく、闘争心もメスに比べて強い傾向があります。メスはそれに対し、飼い主や家族の気持ちを敏感にくみとるやさしい傾向があります。とはいえ、おとなしいオスもいれば、荒っぽいメスもいるので、飼うときには、個体の性格を確認したいものです。

メス

オス

ひと目でわかる！

成長カレンダー

成長、健康、しつけの流れ

年齢	時期	成長	ワクチン	しつけ
2週間	パピー期 0〜2カ月ごろ	●目が開いてくる	※ワクチン接種の規定は、WSAVA（世界小動物獣医師会）のものに基づく。	
3週間	パピー期 0〜2カ月ごろ	●乳歯が生えてくる		●社会化期（p.50）が始まる
1カ月	パピー期 0〜2カ月ごろ	●活発に動いたり遊んだりし始める ●ほえる・うなるなどの感情表現を見せ始める		
2カ月	パピー期 0〜2カ月ごろ		●1回目の混合ワクチン接種（母犬のワクチンが完全であれば）	●食事のしつけ、トイレトレーニングなどの生活ルールを教える ●社会化のトレーニング（生活音や人にさわられることなどに慣れる）をする
3カ月	幼犬期 3カ月〜1才半ごろ	●乳歯が生えそろう	●2回目の混合ワクチン接種 ●3カ月以降に1回目の狂犬病予防接種。以後、毎年4月に追加接種	●抱っこで外出（プレ散歩p.76）。よその人や犬、外の刺激や車などに慣らす ●室内でリードをつけて歩く練習をする
4カ月	幼犬期 3カ月〜1才半ごろ	●やわらかい毛がかたい毛に生えかわり始める ●永久歯への生えかわりが進む	●3回目の混合ワクチン接種	●ワクチン接種が終わったら、地面に足をつける散歩や、公共の場にデビューOK ●社会化のトレーニングはこのころまでにすべて終わらせる
5カ月	幼犬期 3カ月〜1才半ごろ		●抗体価検査、または	

※成長は平均的な目安で、個体差があります。
※ WSAVA ＝世界小動物獣医師会（ワクチンの詳細は p.136〜141参照）

柴犬と人間の年齢換算表

柴犬	人間	柴犬	人間
1カ月	1才	8才	48才
2カ月	3才	9才	52才
3カ月	7才	10才	56才
4カ月	10才	11才	60才
6カ月	13才	12才	64才
1才	15才	13才	68才
2才	24才	14才	72才
3才	28才	15才	76才
4才	32才	16才	80才
5才	36才	17才	84才
6才	40才	18才	88才
7才	44才	19才	92才
		20才	96才

※小・中型犬の年齢換算の目安。

0～2カ月　体重目安：200g～4kg

パピー期

1カ月

1回目のワクチン接種

1カ月半～2カ月ごろになると、母親からもらった免疫抗体が切れてくるので、2カ月までに1回目の混合ワクチンを接種します。ペットショップ／ブリーダーによっては、譲渡前に接種をしている場合もあり、確認が必要です。

体にふれることに慣らして

柴犬は体にさわられるのを嫌うことが多い犬種。今後のお手入れがスムーズにできるよう、子犬を迎えたら早い時期からスキンシップを心がけ、人が好きで、体にさわられるのも大好きな柴犬に育てましょう（p.38参照）。

2カ月ごろまでは母犬のもとで育つ

生まれたての犬は200～250gほど。生後3週ごろまでは母乳を飲んで育ち、母犬が肛門や尿道をなめて刺激し、排泄を促します。生後3週ごろになると、やわらかめのフードを食べ始め、自分で排泄するようになります。

3週目ごろから「社会化期」に

生後3週目ごろから、さまざまなことを吸収する「社会化期」（p.50）が始まります。4カ月ごろまでの間にたくさんのことに慣れさせ、基本のしつけを行うことが重要です。家に迎えた日から、社会化期に必要な体験とパピートレーニング（2章）を行いましょう。

3カ月～1才半　体重目安：3～9kg

幼犬期

栄養価の高い食事を十分に

生後6カ月ごろまでは、体がどんどん成長する大切な時期。良質な栄養を与えることが必要です。犬の月齢や年齢に合った栄養価の高いドッグフードを選び、十分に食べさせましょう（p.122～127参照）。

去勢・不妊手術を早期に終える

7～8カ月ごろになると、多くのメスは最初の発情（初潮）を迎えます。不妊手術を考えている場合は、4カ月までにすませるといいでしょう。オスの去勢手術も同様の時期がおすすめ（p.160～161参照）。

4カ月ごろまで社会化のレッスンを

3週目ごろから始まった社会化期は、4カ月ごろまでが重要です。パピー期から引き続きさまざまなことに慣らし、よその人や動物に会わせる機会をできるだけ多くつくりましょう。

予防接種プログラムを決める

子犬を家に迎え、数日して落ち着いたら、動物病院で健康診断を受けましょう。獣医師と相談し、混合ワクチン接種、狂犬病予防接種などの接種プログラムをつくってもらいましょう。ノミ、ダニ、フィラリア予防の相談も。

よく散歩させ、遊ばせる

混合ワクチンの予防接種が3回終了したら、散歩デビューOK。犬が満足し、疲れるぐらいまで十分に散歩させ、遊ばせて。6カ月を過ぎれば本格的な散歩ができるようになり、1才ごろには1時間くらいの散歩や外遊びもOKに。

成犬期

1才半～7才　体重目安：6～10kg

運動をたっぷりさせる

1才半ごろには体格がほぼ完成。散歩をたっぷりし、ボール遊びのような軽い運動も積極的に（3～4章参照）。

成犬になっても同じしつけを続ける

パピー期や幼犬期にしつけたことは、成犬になっても続けます。成犬になってから新しいことを教えることも十分できます。

病気の予防を続ける

1才以降は1～3年に1回の混合ワクチン接種や、毎年の狂犬病の予防接種を忘れずに。ノミ、ダニ、フィラリアの予防も続けていきます。また、年1回健診も。

食事管理、お手入れも大切

健康維持のために食事は適量を守りましょう。成犬は幼犬期より必要なエネルギー量が減るので注意。また、柴犬に多い皮膚トラブルを防ぐためにも、ブラッシングなどのお手入れも定期的に行って（5章参照）。

シニア期

7才～　体重目安：7～10kg

フードはシニア用に切り替え

消化能力も落ちるので、食事は栄養価が高くて消化しやすいシニア用フードを与えましょう。

ストレスや無理のない生活を

シニア犬にストレスは禁物。夏は涼しく冬は暖かい、体に負担がかからない環境を整えましょう。つまずきや転倒を防ぐため、室内をできるだけバリアフリーにするのも大切。また、散歩は犬の体力に合わせて、無理のない距離・時間に。

9才

定期健診の回数を増やす

体のあちこちの機能が低下して抵抗力が弱まるので、さまざまな病気にかかりやすくなります。特に7才を過ぎると、ガンの発生率がぐんと高くなります（p.159参照）。犬の3カ月は、人間の1年です。3カ月に1回は健診を受けましょう。

いい刺激を与え続けて

シニア犬になったからといって放っておく時間が長くなると、ますます老化が進むことにも。声かけやスキンシップを行い、しつけを続けることで、刺激を与えましょう。

1章

いっしょに暮らす準備と基本のしつけ

子犬を迎える前に準備しておくもの

柴犬用グッズは、事前にそろえて準備を

子犬を迎えることになったら、必要なものは家に迎える日までにそろえておきましょう。

まず用意したいのは、サークル、ベッド、トイレなど。犬を病院などへ連れていくためのクレートも必要です。フードや食器、おもちゃもすぐに使います。実際に使うのは少し先ですが、胴輪とリードなどの散歩グッズ、グルーミンググッズなどもそろえましょう。

なお、子犬を迎えたら、最低3日、できれば1週間くらいは、家に常に誰かがいて子犬だけにしないよう調整することが大切です。

これだけは準備しておこう

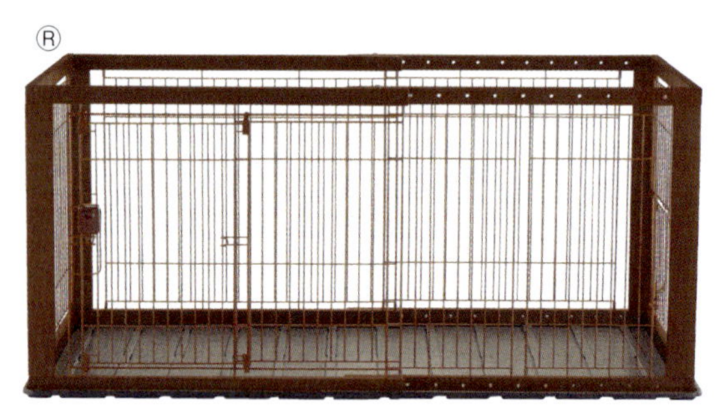

サークル

犬が落ち着いて過ごせる場所を確保するため、また、留守中の事故防止のためにも使用したい。

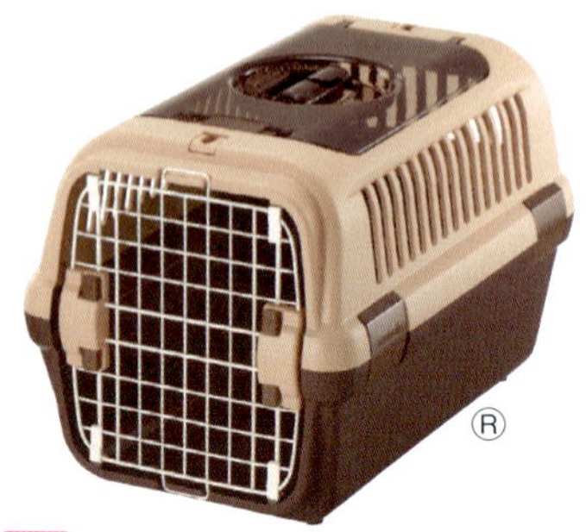

クレート（ハウス）

犬を運ぶときだけでなく、落ち着いて眠れるハウスがわりに使っても。犬が中で向きを変えられるくらいの広さがベスト。

ベッド

市販のものなら、手軽に洗濯のできるものを選んで。クレートにクッションを入れて寝床にしたり、タオルや毛布を重ねてベッドがわりにしても。

※写真のまわりに入っている丸囲みのアルファベットは企業名の略称（p.13参照）。略称のないものは私物。

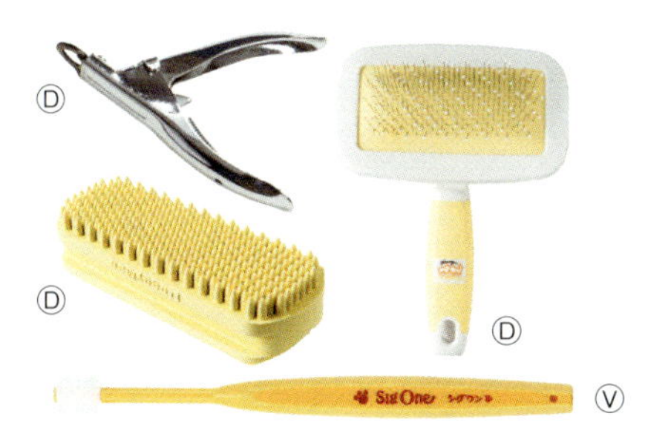

グルーミンググッズ

ブラッシング用のスリッカーブラシやラバーブラシ、爪切りと毛をカットするハサミ、歯みがき用の歯ブラシなど（p.102 参照）。

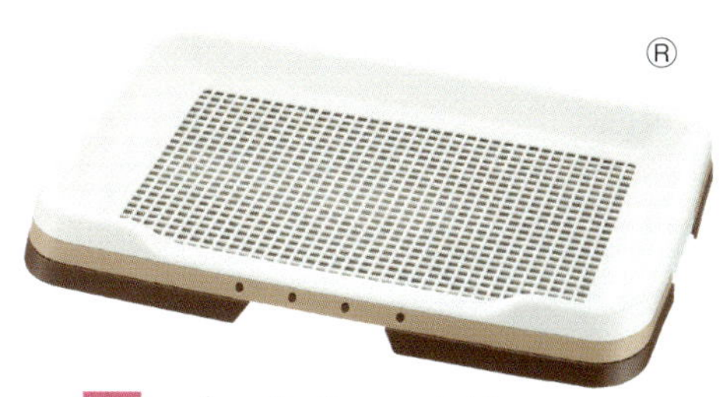

ペットシーツとトイレトレー

ペットシーツだけでも使用できるが、トイレトレーで固定するほうが、動いたり、犬がいたずらすることが防げて便利。子犬は排尿間隔が短いので、ペットシーツは多めに準備を。

子犬用フード

主食になる「総合栄養食」のタイプを（p.122 参照）。食べづらそうなら、最初は温水でやわらかくして与えてもいい（p.124 参照）。

食器

フード用と水用の２種類が必要。安定感がある丈夫なものを。

おもちゃ

子犬がかじっても安全なように、犬専用のものを。遊びだけでなく、しつけにも使えるようなものもあるので、ペットショップなどで何種類かを選ぶとよい（４章も参照）。

リード、胴輪、首輪

首輪はリードが引っ張られたとき首の負担になる場合があるので、胴輪（ハーネス）がおすすめ。リードもそろえて用意を。胴輪や首輪は、子犬の胴まわりや首まわりのサイズに合わせたものを選んで。

柴犬を迎えるとき知っておきたいこと

犬を飼う責任を、今一度自覚しよう！

子犬を飼うということは、大切な命を預かり、育てるということです。その犬が生涯幸せに暮らしていけるかどうかは、すべて飼い主の手にかかっています。生活面、健康面、しつけ面などに責任を持ち、愛情を注いで育ててください。

犬のために時間や手間を割いて育て、犬の一生を幸せなものにできる覚悟があるのか、飼う前に、自分や家族に改めて問いましょう。

仕事で日中は留守にしている場合でも、出社前や帰宅後、休日には、犬のために必ず時間を割いてあげてほしいのです。

柴犬を迎えるにあたっての心得

1 生活の基本を満たす

犬を飼ううえで重要なのは、食事、排泄、運動といった生活の基本を満たしてあげることです。まずは、良質なフードを適量与えること。そして、十分な運動をさせること。これは夜ぐっすり眠ることにもつながります。排泄はがまんせずでき、落ち着いてできる定位置があること。

このように、生活の基本を満たすだけで、犬の問題行動の多くを防ぐことができます。

2 病気予防・健康管理をしっかり

飼い犬の健康を守ることは、飼い主であるあなたにしかできません。予防接種をきちんと受け、生活環境を整え、できるかぎり病気の予防に努めましょう。誤食やけがをしないよう安全対策を万全にすることも大切です。また、ふだんから犬をよく観察し、いつもと違う様子が見られたときはすぐに受診すること。

4 犬の社会化を心がける

生後3週から16週ごろまでは、犬があらゆることに慣れる「社会化」(p.50)のために最適の時期。人やほかの動物、外の環境、車や病院、体をさわられること、ブラッシングや歯みがきなど、この時期に慣らすことが重要です。それにより、人への信頼を持ち、社会性のある犬に育ちます。ですので、家に迎えてすぐ、社会化を始める必要があります。ペットショップの人やブリーダーが子犬にどうかかわっていたかも、影響します。

3 生活の質にも配慮を

ただ飼うだけでなく、犬が日々を楽しめる刺激を考えてあげるのも、飼い主の責任です。

たとえば、食事はただ与えるだけでなく、ときにはコング(p.97)に入れて与えると、食べる楽しさが増します。

おもちゃも、いつも同じものばかり与えっぱなしにするのではなく、いっしょに遊んであげたり、ときに新しいものを与えてみたりもしましょう。散歩のルートも、ときに変化をつけるなどの工夫もしてあげてください。

譲り受ける先で、ココを確認しよう

ペットショップやブリーダーなどから子犬を譲り受ける際、この点を確認しましょう。

□ **食事**

それまで食べていたフードの商品名、1日の食事回数と量を聞き、同じものを用意。

□ **健康状態や社会化**

子犬の性格や苦手なもの、好きなこと、健康状態やうんちの状態・回数なども確認を。社会化の進み具合もチェックしたい。

□ **便検査や虫下し**

回虫などの寄生虫がいないかの便検査をしたか、駆虫薬を飲ませたかの確認を。駆虫薬は病院で受診のうえ、2回飲ませる。

□ **ワクチン接種**

子犬には16週を超えるまで、月に1回(最低3回)の混合ワクチン接種(p.137)が必要。いつごろ受けたか、次回はいつかを聞き、接種済みの場合は接種証明書をもらう。

□ **お気に入りのもの**

子犬が気に入っているおもちゃや毛布などがあったら譲ってもらう。親犬といっしょだった場合は、親犬のにおいがついたものをもらおう。

□ **シャンプー**

すでにシャンプー経験があるなら、何を使ったか商品名を聞く。犬の肌に合っているようなら、同じものを使うと安心。

□ **血統書**

純血種は、血統書を受けとる。申請中だと、発行が後日になることも。

子犬が安心して過ごせる環境づくり

家族の集まるリビングに居場所づくりを

慣れない新しい環境に連れてこられた子犬は、不安とさみしさでいっぱいです。まずは、家族が集まるリビングにサークルを置いて、犬が安心して過ごせる居場所をつくってあげましょう。

サークルを置く場所は、エアコンの風や直射日光が当たる場所を避けて、風通しのいい壁際に。

また、柴犬は抜け毛が多く、そのままにしておくと、においの原因に。こまめに掃除機をかけたり、空気清浄器や消臭剤を使用するなど、清潔を心がけましょう。

あらかじめ事故対策を！

子犬をサークルから出したときのため、危険はないか室内をチェックし、安全対策をしておきましょう。ベビー用の事故防止グッズの中にも、子犬用に応用できるものがあるので、探してみては。

行ってほしくない場所は、ゲートを設置

キッチンや2階、お風呂場など、犬が行くと危険な場所や、入ってほしくない部屋などには、入り口付近にゲートを設置して。また、フローリングは滑りやすいので、部分的にカーペットを敷いておくとよい。

Ⓡ

誤食すると危険なものは片づける

子犬は何でも口に入れてしまうため、室内は誤食の危険がいっぱい！　観葉植物も毒性のあるものがあるので、高い場所へ移動を。危険なものをチェックし、手の届かないところへ片づける。

コード類はかじれないように

電気コードをかじると感電の危険があるため、カーペットの下や家具の裏などに隠して。コンセント部分もいじれないよう、カバーをしておくと安心。

誤食すると危険なものは、p.120、146を参照

リビングにサークルを設置

サークルは、その中だけでも過ごせるよう、ベッドやトイレ、
食器を置いても遊べるスペースがある大きさのものを用意。
子犬が遊べるおもちゃも何種類か入れる。

トイレトレーニングが終わるまでは、サークル内にペットシーツを敷きつめて。ベッドは落ち着いて眠れるよう、どちらかの角に置くといい。飲み水やおもちゃも入れておこう。

犬のにおいやアレルギー、感染症対策に

犬を飼うと、室内や衣類などににおいがついて気になりがち。また、ダニなどのアレルギーを心配する人も多いでしょう。そのような場合、除菌・消臭剤を使ってみるといいでしょう。近年、さまざまなウイルスや細菌を強力に不活性化・除菌できる製品が市販されています。消臭はもちろん、アレルギーやカビの抑制にも効果的。

また、ウイルスによる感染症対策にもおすすめです。人間のインフルエンザ予防などにも効果が期待でき、ペットにも人間にも安全・安心で、動物病院でも活躍中です。

イレイザー・ミスト Ⓛ

バイオウィルクリア Ⓖ

子犬を迎えた最初の1日の過ごし方

環境に慣れるまで、静かに見守って

いよいよ子犬を迎えての初日。最初は、慣れない環境に鳴いたり、ストレスで体調をくずしたりといったことが起こるかもしれません。それをできるだけ避けるために、食べ物はそれまでと同じものを与え、あまりかまいすぎないようにして、犬の生活が急激に変わらないよう、疲れないよう配慮します。

最初の1週間は、新しい環境と生活に慣れるための期間ですから、必ず家に誰かいるようにして、子犬を見守ってあげましょう。ただ、トイレトレーニング（p.42）は、初日から始めることが大切です。

子犬を迎えた日の流れ

1 子犬をサークルに入れる

サークルには、ペットシーツを敷きつめてベッドや飲み水、おもちゃを入れる。少し遊ぶなど、疲れさせてから入れるとおとなしく過ごせる。

2 食事を与える

子犬が少し落ち着いたら、それまで与えていたのと同じフードを食べさせる。最初は少量ずつ、１日4～5回に分けて与える。

3 排泄をさせる

サークル内にはペットシーツを敷きつめてあるので、どこでトイレをしても「いい子だね」とほめて、ペットシーツを交換する。

飼い主の義務、果たしてますか？

厚生労働省は、犬の飼い主に、以下の3点を義務づけています。

□ 飼い犬に年１回の狂犬病予防注射を受けさせること

生後91日以上の犬には狂犬病の予防接種を早めに受けさせ、その後は年に1回の予防注射で免疫を補強させます（p.136も参照）。

□ 現在居住している市区町村に飼い犬の登録をすること

狂犬病予防注射済証明書を持って、居住している市区町村の役所で登録を。引っ越した場合、引っ越し先の市区町村で登録し直す必要があります。

□ 犬の鑑札と注射済票を飼い犬に装着すること

犬の登録をした際には「鑑札」、狂犬病予防注射の接種を受けた際には「注射済票」が役所から交付されます。この鑑札と注射済票は、登録された犬、または狂犬病予防注射を受けた犬であることを証明するためのもので、犬につけておかなければなりません。鑑札には登録番号が記載されていて、もし犬が迷子になっても、鑑札を装着していれば飼い主のもとに戻すことができます（p.77も参照）。

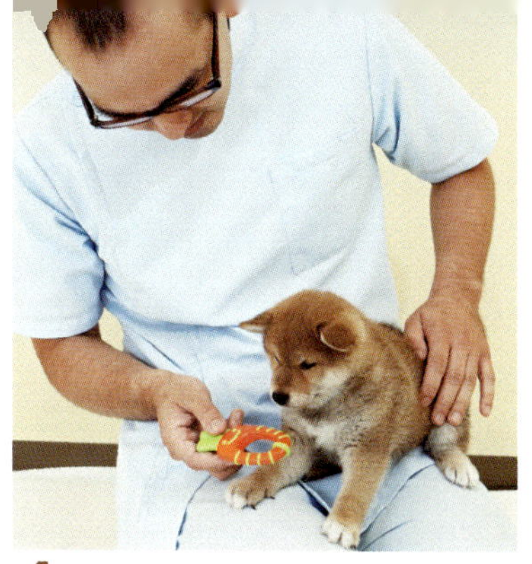

4 疲れない程度に遊ぶ

食事とトイレがすんだら、子犬をサークルから出して短時間だけ遊ばせる。子犬は疲れやすいので興奮させず、10分ほどを目安にサークルに戻そう。

5 昼寝をさせる

子犬は1日のほとんどを寝て過ごす。眠ったらかまわないこと。目が覚めたら、サークル内で自由にさせて。

6 夜もサークル内で寝かせる

夜はサークル内で寝かせるが、最初の何日かはさみしがって鳴くことも。鳴いても相手にせず、まずは鳴かせない環境を整える工夫を（p.44参照）。

犬が安心できる抱っこ&なで方

やさしく話しかけ、スキンシップを

　家に来たばかりで不安でいっぱいの子犬は、スキンシップで安心させてあげましょう。子犬に接するときは、やさしい口調で話しかけ、ソフトにタッチすること。きつい口調で話しかけたり、強くさわったりすると、子犬は飼い主に対して恐怖心を抱いてしまいます。その場合、その後のしつけがスムーズにいかなくなることもあります。
　スキンシップの手始めに、まず、じょうずな抱っこの仕方となで方を覚えましょう。気持ちいい抱き方、なで方をされて育った子犬は、人とふれ合うのが好きな犬に育ちます。

抱き方レッスン

安定した抱き方で、子犬を安心させよう

じょうずな抱き方 その1

片手は腰から足を下から支え、もう一方の手を子犬の胸に添えるようにすると安定。

じょうずな抱き方 その2

下側の手を犬の足の間に入れておなかを支え、もう一方の手で前足を持つようにしても安定する。

これはNG！

　子犬を抱き上げるとき、前足をつかんで持ち上げるようにすると、肩を脱臼する危険があるので×！　前足のつけ根に手を入れて、ゆっくり抱き上げましょう。

抱っこしてなでるときは

ひざにのせて体を安定させ、子犬が安心できるような抱き方を。なで方は、毛の流れに沿ってゆっくり手を動かします。遊びのときなど、毛の流れにさからい、手を速く動かしてなでると、興奮を誘う効果が。

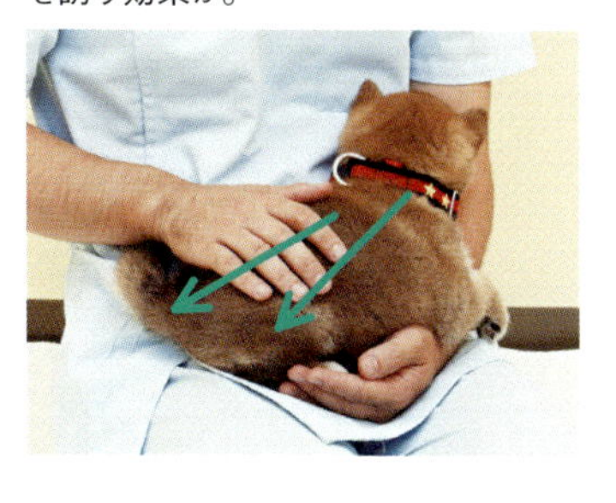

抱っこしたときに甘がみされたら？

子犬が甘がみをするのは自然なことで、きょうだい同士で甘がみしながら、かむ力の加減を学習していきます。これは、乳歯が永久歯にかわるころには落ち着くもの。でも、子犬のときに人間の手をかませると、「人間の手＝おもちゃ」と学習し、大人になってもかみ続けるようになってしまいます。

甘がみの習慣化を防ぐには、遊びの中で子犬が手を強くかんだときに「痛い！」と大きな声で言って、遊びを中断します。その後、子犬が落ち着いたら遊びを再開し、またかんだら「痛い！」と言って遊びを中断することを繰り返します。こうすることで、子犬は甘がみをすると楽しいことが止まると学習するのです。

犬が気持ちいいなで方をマスターしよう

なで方レッスン

じょうずななで方

犬の下側か横側から手を伸ばし、のどの下やおなかをなでるのが基本。ほめるときも、「いい子だね」などと言いながら、このなで方で。

これはNG！

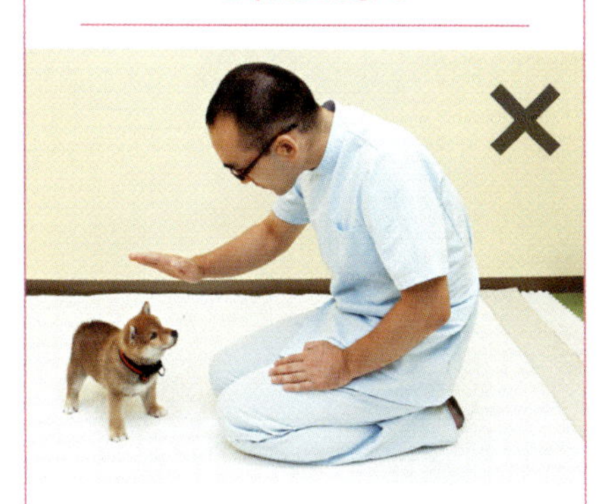

頭の上から手を出すと、犬に威圧感を与えてしまいます。また、犬によっては、たたかれるのではと恐怖を感じることもあるので避けること。

体にさわられるのに慣らす タッチトレーニング

慣れるとお手入れや受診などのときに嫌がらなくなり助かるように

タッチトレーニングは、犬が体のどこをさわられても平気なようにするため行います。3～16週ごろの社会化（p.50）の時期に何度も行って、完了させておきたいもの。毎日行い、じょうずにできたら静かに声をかけ、ほめてあげましょう。

タッチトレーニングの流れ

タッチしていく順番は一例。犬が嫌がらないよう、手順をアレンジしてもOK

1 首

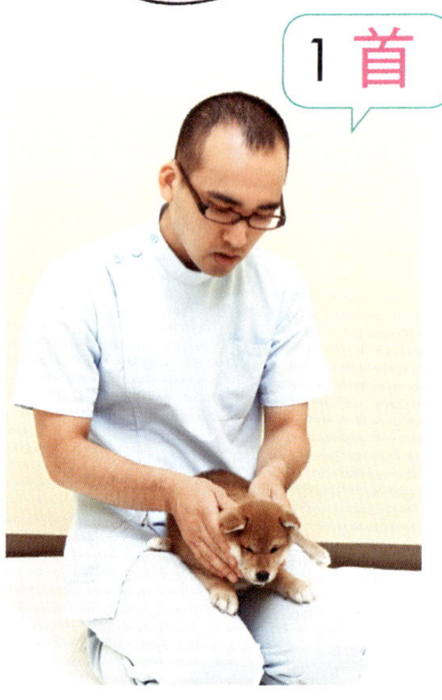

犬が安定するようにひざに抱き、首まわり、あご下をなでる（p.37のなで方も参照）。

2 耳

耳を指ではさみ、つけ根から先までなでる。耳の入り口付近に指を入れたりもしてみる。

3 マズル（口吻）

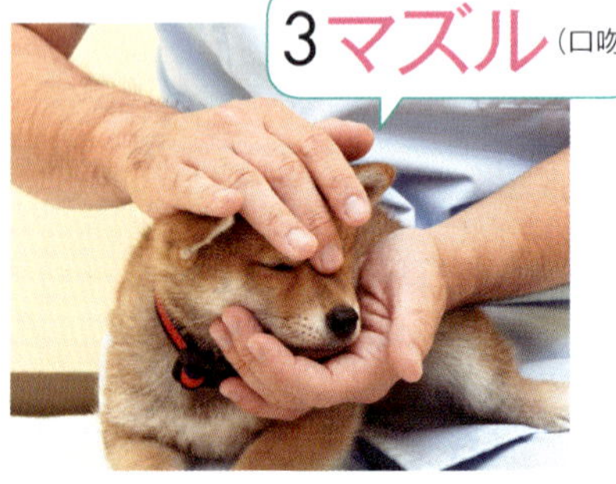

子犬のあごに片手を添えて軽く押さえ、もう一方の手で鼻先と額の間のマズル（口吻）を鼻先に向けてなで下ろす。ここは嫌がる犬が多いので、早いうちから慣らしたい。

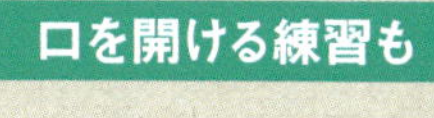

口元をさわったら、指で上唇をめくるようにして、歯にもタッチ。歯みがきや歯の検査、薬を飲ませるときのためなどに、慣らしておきます。

4 鼻先

両手で顔を包むようにして、指先でやさしく子犬の鼻先にふれる。

5 口元

両手で顔をはさんで、口元をさわっていく。指をなめさせてもOK。

6 足

前足も後ろ足も、つけ根〜足先を軽く握ってなでる。指の1本1本、爪や肉球にもタッチ。

7 背中

両手を背中にあて、毛並みに沿ってゆっくりなで下ろす。

8 胸元〜おなか

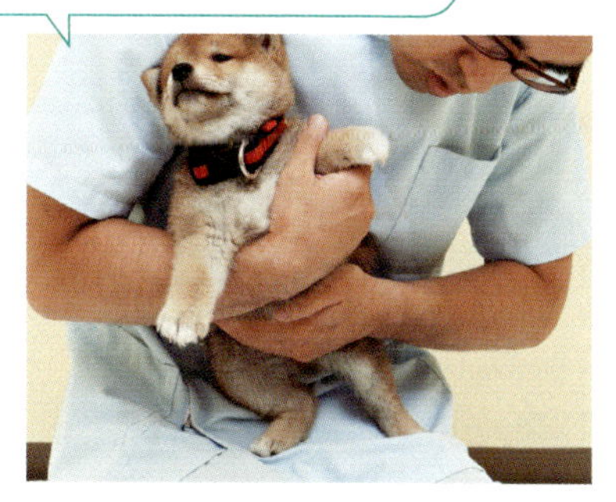

片手で子犬の胸を抱いて体を持ち上げ、胸元〜おなかに手のひらをあててさわる。

9 しっぽ

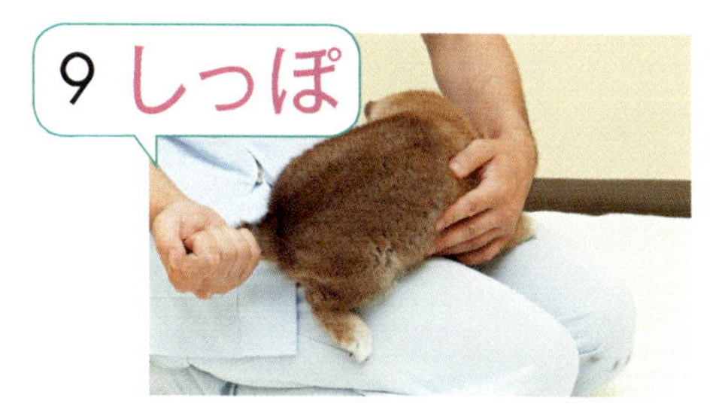

しっぽは手で握り込むようにして、つけ根から先までなで下ろす。ここは嫌がる犬が多いので、早いうちから慣らしたい。

最初のころの子犬への食事の与え方

急に食事の内容を変えないこと

子犬を家に迎える際には、ペットショップやブリーダー、知人など、それまで子犬の世話をしていた人から、与えていたドッグフードの種類や1日の食事量、回数などを確認しておきましょう。

食事内容がいきなり変わってしまうと、子犬の体調が悪くなることがあります。変える場合は、1週間ほどかけて切り替えるのが基本。

与えるフードは、獣医栄養学にもとづいた良質なものにします。子犬はグングン育つので、食事の量は体重に合わせて増やしていきましょう。

フードの切り替え方の目安

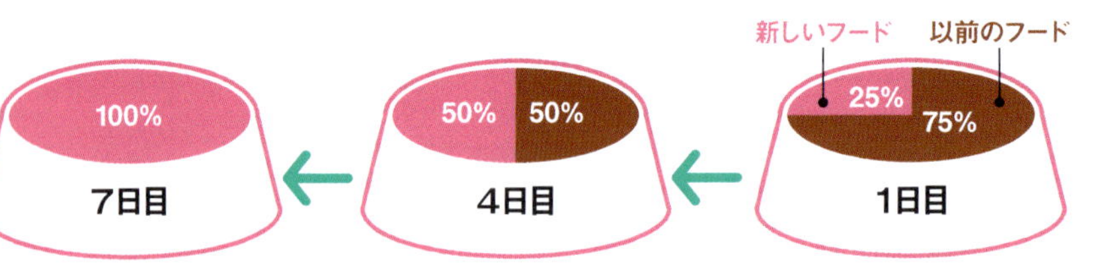

食事の与え方のポイント

1 決まった場所で

専用の皿で、決まった場所であげる。時間はいつも同じでなくてもかまわない。子犬は、食事の間隔があくと低血糖になることがあるので、少量ずつ1日4～5回に分けて与えよう。

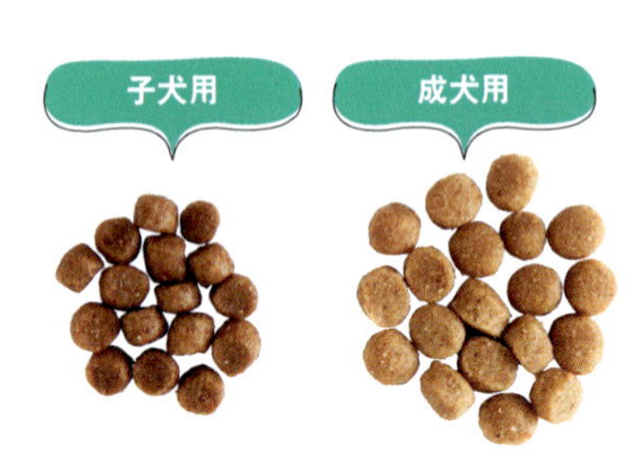

2 フードは子犬用のものを

フードは、良質な子犬用の総合栄養食(p.122 参照) を。成犬のものとは、粒の大きさや栄養価が異なる。人間の食べ物は与えないこと。最初は湯でふやかして与えても OK(p.124 参照)。

3 少量ずつに分けて与える

子犬はまだ消化器官が完成していないので、いっぺんにたくさん食べると下痢や体調不良を起こす場合も。最初は、１日分を４～５回に分け、少量ずつ与える（p.126参照）。

4 落ち着いているときに与える

ほえたり、騒いだりして催促する間はあげず、静かにしているときにあげる。この「要求ぼえ」にこたえると、ほえるとフードがもらえるものと学習してしまうことに（p.166 参照）。

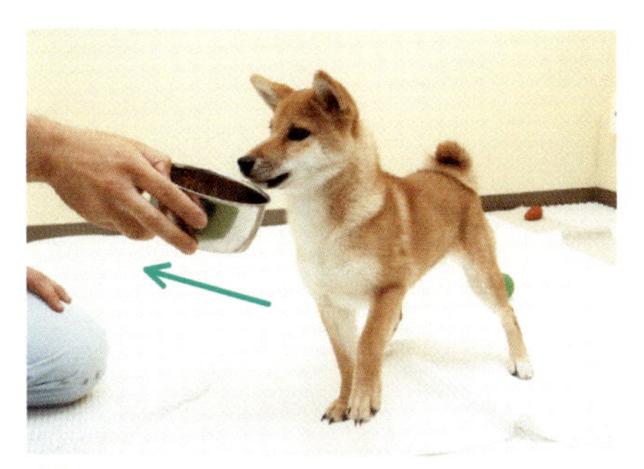

5 時間を決めて器を下げる

少したったら、フードが皿に残っていても下げる。いつでも食べられるのではなく、出されたときに食べることを覚えさせる。

Ⓓ

6 水はたっぷりと

水はいつでもたっぷり飲めるようにサークル内に置いて。こぼさないよう、給水器を使ってもいい。

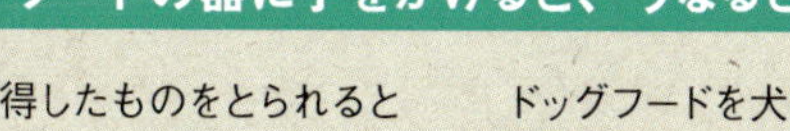

犬は、せっかく獲得したものをとられると思うと怒り、攻撃をする前の警告としてうなることがあります。でもこれは、犬にとっては当たり前の行動です。

ドッグフードを犬に見せながら器に足し入れます。フードをとろうとしているのではない、とわかれば、犬もうなるのをやめるでしょう。

食事の量や回数などの与え方については、p.126～127を参照

ほめるトイレトレーニング

排泄のたびにたくさんほめること

トイレトレーニングの基本は、しからずほめること。飼い主にとって不都合な場所で排泄したからといってしかると、犬は排泄自体が悪いことなのかと勘違いしたり、しかられる恐怖感から、カーテンの後ろなどに隠れて排泄するようになる場合があります。ペットシーツを敷いていない場所でしたときは、すぐに片づけましょう。

最初は、サークルの中のどこで排泄してもいいよう、ペットシーツを敷きつめます。そして、サークル内で排泄をするたびに、「いい子だね」と、ほめてあげましょう。

最初の1週間ほどは、サークルの中の床に、すき間なくペットシーツを敷きつめます。この中ならどこでトイレをしても失敗ナシなので、排泄のたびにほめましょう。

排泄のサインは？

子犬が排泄するのはどんなタイミング？ また、どんな様子が見られるの？ オス犬でも、子犬のころは、足を上げておしっこ(マーキング)することはほとんどありません。

- □ 寝起きや食事の直後
- □ 走り回ったり体を動かしたあと
- □ 床のにおいをさかんにかぐ
- □ ソワソワする、ぐるぐる回る

ニーズに合ったペットシーツ選びを

ペットシーツはサイズや厚さ、素材もさまざま。消臭機能にすぐれていたり、吸収力が高かったりと、商品によって特長もそれぞれなので、ウチの子／わが家に合ったものを選んで使いましょう。

トイレトレーニング

サークル内で排泄がスムーズにできるようになるまで、全面にペットシーツを敷きつめる。

サークル内で排泄がスムーズにできるようになったら、ペットシーツのうち何枚かをはずす。

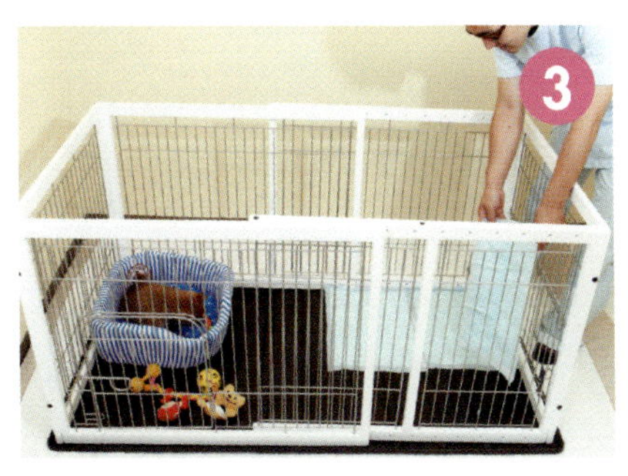

❷の状態でペットシーツ上に排泄できるようなら、また何枚かペットシーツをはずし、徐々に範囲を狭くしていく。

最後に1枚だけにする。このとき、トイレの位置とベッドの置き場所は離して。

最後の1枚の上で排泄できるようになったら、子犬のトイレトレーニングは終了！ ペットシーツはそのままでも大丈夫だが、トイレトレーにセットしたほうが、移動したり犬がかんだりせずにすんで安心。

たっぷり遊んでぐっすり眠る習慣を

睡眠はたっぷり、遊びは毎日

子犬は月齢が低いほど、1日の多くの時間を眠って過ごします。かわいくて、ついかまってしまいたくなりますが、眠っているときは無理に起こさず十分眠らせてあげましょう。ただ、生活音には慣れたほうがいいので、眠っていても無理に音を立てないようにする必要はありません。

遊びは、子犬にとっては楽しいだけでなく、いい刺激となって生活を充実させます。毎日時間をとって、遊んであげましょう。ただし、子犬が疲れないよう、かまいすぎには注意を。

ベッドは市販のものでOK。体が包み込まれるような形だと、子犬が安心できます。置き場所は、落ち着いて眠れるよう、サークルの端の壁側に。寝る場所と排泄する場所の区別をつけるため、サークル内で、ベッドとトイレは離して。

①

夜鳴きをするときは？

子犬を迎えて数日間は、家族が寝静まった夜中になると、たいていさみしがって鳴くものです。鳴くたびにかまったり抱っこしたりすると、鳴けば来てくれると学習してしまい、夜鳴きがおさまらなくなるので、鳴いても放っておくこと。数日でおさまるはずです。

寝る前に少し遊んでやると、子犬は疲れ、落ち着いて眠れるもの。それでも激しく鳴くときは、サークルを飼い主の寝室に移動しましょう。サークルを置けない場合は、ペットシーツを敷いたクレートに入れても。飼い主の気配を感じられ、子犬も安心して眠れるでしょう。

ZZZ

子犬の遊ばせ方

ワクチン接種がすんでいないと、本格的な散歩はまだできません。
この時期の子犬の遊ばせ方をお教えします。

1 おもちゃで遊ぶ

犬用のおもちゃはさまざまなものがあるので、いろいろ試して、喜んで遊ぶものを見つけてあげて。留守番のときには、退屈しないようにおもちゃを多めに与える。

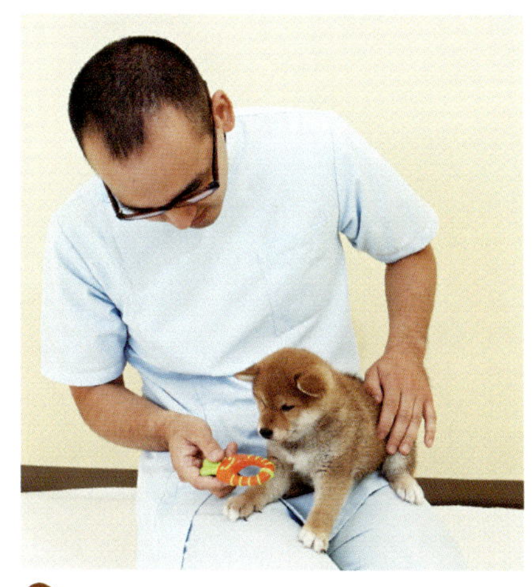

2 飼い主と遊ぶ

飼い主も時間をつくって、子犬と遊んであげよう。遊びを通しても、体をさわられたり、抱っこされたりすることに慣れていく。

3 室内探索

新しい環境に早く慣らすため、サークルから出して室内探検をさせても。さまざまなものにふれさせるのは、社会化（p.50）にもいい効果がある。

4 プレ散歩

ワクチン接種が完了する前は、抱っこしたりキャリーバッグに入れて、地面に体をつけない「プレ散歩」を。屋外のさまざまなことを体験させてあげたい。まだほかの犬との接触は避けること。

さみしがらずに留守番をさせるコツ

短時間の不在から慣らしていく

子犬が来てからしばらくは、家族の誰かが必ず家にいて、子犬だけで留守番させるのは避けること。
また、留守番をさせるとしても、いきなり長時間ではなく、最初は30分の短時間から慣らしていきましょう。それでも、犬は本来、群れで生活する動物なので、誰もいなくなるとさみしくなり、クンクン鳴いたりほえたりしがちです。

たいくつ…

「出かけるそぶり」を犬に覚えさせない

留守番をさせるときは、まず出かけるそぶりを犬に見せないことが大切です。化粧をする、鍵を持つ、上着を着るなど、飼い主が外出時に必ずする行動を覚えると、それを見て犬は不安になり騒ぎだします。また、出かける前にたっぷり散歩をさせることもポイント。犬は疲れて、留守番中は眠って過ごします。

留守番中は、退屈しないよう過ごせる工夫を

留守番中の環境は、ラジオやテレビをつけたままにして生活音を聞かせるなど、家族がいるときと同じにしておくことも大切です。
また、犬が退屈しないで過ごせるように、コング(p.97)に入れたフードなど時間をかけて食べられるものや、飽きずに遊べるおもちゃを用意しておきましょう。室内で放し飼いにしているなら、マットの下などあちこちにおもちゃを隠し、探し出せるようにしてもいいですね(p.96「宝探し」参照)。

さみしいよ〜!

留守番をさせるときのポイント

1 出かける前に疲れさせる

飼い主の外出前に、遊んだり散歩に連れ出す。散歩開始前の子犬は、抱っこで外へ出ても。犬は疲れて、飼い主の外出中の多くの時間を寝て過ごせる。

2 いろいろなおもちゃを与える

サークルに入れて留守番をさせる場合は、飽きないよう、おもちゃをたくさん入れておく。

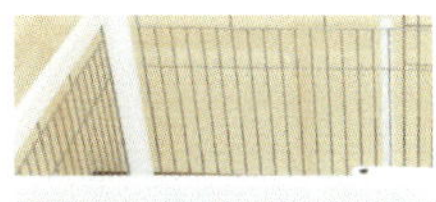

3 食べるのに時間がかかるものを与える

フードを入れたコング（p.97）を与えて外出しても。食べるのに時間がかかり、退屈防止に。

4 水は切らさないよう注意を！

いつでも新鮮な水が飲めるよう、給水器を利用するのもいい。

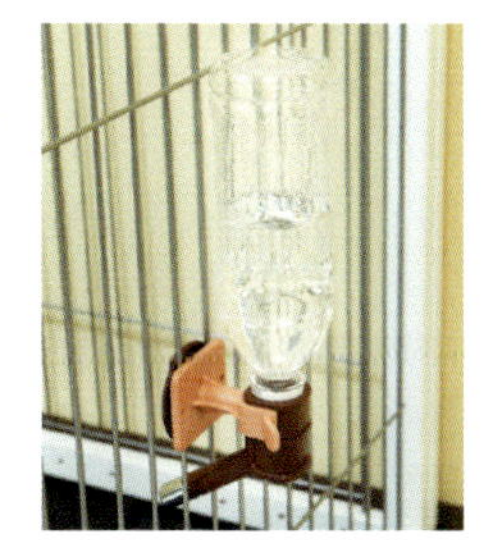

帰宅したときは、淡々と接して

外出から帰ったときの接し方には、コツがあります。帰宅した飼い主を見て犬が大喜びしていると、「ごめん、さみしかったね～！」などと言って思い切りなでてあげたくなりますが、これはやめましょう。犬が興奮しているのに飼い主が同じようにこたえてしまうと、留守番中のさみしかったときと精神的な落差が大きくなり、次の留守番のときにさらに犬のさみしさが増してしまうからです。帰宅したときはさりげなく淡々と接し、犬が落ち着いてからなでてあげましょう。

「宝探し」もおすすめ

室内で放し飼いのまま外出するなら、おもちゃをマットの下に隠して「宝探し」（p.96）をさせると、飽きずに待てます。おもちゃは、何カ所かに隠しておくと、時間もかかり、より楽しめます。

COLUMN

外飼いをする場合のポイントは？

古くから日本に生息する柴犬は、日本の気候に合った体を持つため、昔から外飼いされることが多い犬種。ただ、外飼いは寄生虫による病気にかかったり、ノミがついたりするリスクが高く、また、人や車が通るたびに神経をつかうので、犬にとってもストレスが多いもの。外だとほえ声が響き、近所迷惑になることも。犬が落ち着いて暮らせるよう、できるだけ室内で飼うほうがいいでしょう。

外飼いする場合は、右記のような点に最低限気をつけてあげましょう。

外飼いの注意点

1 必ずハウスを設置する

必ずハウスを置き、犬が落ち着いて眠れる場所を確保する。犬が立って入れ、四肢を十分伸ばせる大きさのものを。

2 家からすぐ見える場所に

犬のいる場所は、家から見えるところに。犬に何かあったとき、すぐに気づいてあげられることが大切。

3 日陰をつくる

直射日光を避けるため、日陰のある場所に。木陰がない場合、すだれを垂らすなど工夫してあげること。

4 清潔を保つ

ノミやダニ、そのほか害虫の発生を防ぐためにも、ハウスや飼っている場所は清潔に。抜けた毛や排泄物はすぐに片づけ、犬にとっても居心地のいい場所にしてあげる。

5 脱走しないよう注意を

雷やバイクなど、突然の大きな音に驚いて脱走する犬も。雷が鳴りそうだったら室内に入れてあげよう。首輪やつないでいるロープなどが抜けないよう、細心の注意を。

2章

社会化とパピートレーニング

迎えてすぐから、最も大切な社会化を

ルールを教え、多くのことに慣らす

犬と家族が快適で幸せに暮らすためには、犬にルールを教えたり、環境に慣れさせたりといった「しつけ」が必要です。子犬にしつけたいのは、食事やトイレなどの生活の基本ルールを守り、飼い主の指示に従えるようにすること。さらに、いろいろなもの・ことを体験させ、さまざまなことに慣らす、「社会化」が最も大切です。

柴犬はもともと猟犬だったので、飼い主の指示に敏感といわれます。その性質をより伸ばしてあげるべく、子犬時代にきちんとしつけ・社会化をしていきましょう。

子犬にしつけていくこと

指示語を使ったトレーニング

しつける内容例

- □ オスワリ (p.60)
- □ フセ (p.61)
- □ オイデ (p.62)
- □ マテ (p.64)
- □ オテ (p.66)　など

飼い主が犬をコントロールするだけでなく、事故やトラブルを防ぐために必要なトレーニングです。何回も繰り返し、指示語（コマンド）を聞いただけで動けるようにします。

生活の基本的なルール

しつける内容例

- □ 食事 (p.40)
- □ トイレ (p.42)
- □ 留守番 (p.46)
- □ ハウス (p.56)　など

飼い主と犬がよい関係を築き、お互いが気持ちよく暮らしていくため、まずは生活していくうえでの基本的なルールを教えます。

犬の社会化をしっかり！

生後4カ月ごろまでに、さまざまな体験をさせる

犬や猫では、生後4カ月ごろまでが「社会化の感受性期」として大切な期間です。「社会化」とは、何に対してもよく慣れさせるということ。たとえば、指の間、口の中、しっぽ、おなかなど体をさわられること。ほかの犬や動物、高齢者から子どもまでさまざまな人とのふれ合い。屋外で自転車、バイク、道路、公園、商店街などに出会うこと。また、ブラッシングやシャンプー、歯みがき、クレート内でおとなしくしていることなどにも慣れさせる必要があります。

特に生後3カ月までが重要です。犬を飼い始めるのは多くの場合60日前後なので、社会化に残された期間は1～2カ月ほどしかありません。その期間に、飼い主はさまざまなことに犬を慣れさせることが必要です。社会化がしっかり行われた犬は、飼い主やよその人・動物への信頼感を持つ、人が好きで落ち着いた犬に育ちます。

ほとんどの問題行動は、社会化の不足が原因

犬の問題行動（8章）は、実は社会化が足りないために起こることが多いのです。社会化が足りないと、人との信頼関係が不十分で、警戒心が強く不安になり、必要以上に飼い主に依存してしまったり、恐れのあまり人やほかの動物に攻撃的な態度をとるようになることがあります。これを避けるためにも、犬の社会化のため最大限の努力をしましょう。

社会化のトレーニング

トレーニング内容例

- □ 体にさわられるのに慣らす（p.38）
- □ 飼い主以外の人に慣らす（p.68）
- □ ほかの犬や動物に慣らす（p.69）
- □ 外の刺激に慣らす（p.70）
- □ 掃除機に慣らす（p.70）
- □ 車に慣らす（p.82） など

そのほか、歯みがきに慣らす、病院に慣らす、インターフォンの音に慣らす……など、とにかく生活まわりのあらゆることに慣らしていきたいもの。

たくさんほめて、楽しくしつけを

失敗をしかるのではなく、成功に導き、ほめる

犬をしつけるとき最も大切なポイントは、その行為が「いい記憶」と結びつくようにもっていくことです。「これをしたらほめてもらえる」「おいしいおやつがもらえる」といった学習をすることで、犬はよい行動を繰り返すようになります。

できないからとしかっても、犬はなぜしかられたのかわからず、恐怖を感じてしまいます。また、強制されるのも、犬にとって嫌な記憶だけが残ることに。

たくさんほめ、大好きなおやつも使い、犬が気持ちよく学習でき

しつけの基本 5

1 できなくてもしからず、できたら必ずほめる

しつけの効果を上げるためには、しかるのは逆効果。何かできたら必ずほめながら教えると、身につきやすいでしょう。

じょうずなほめ方は、p.54～55を参照

2 無理強いしない

嫌がったり、教えたことをしないときも、無理にさせないで。体を押さえつけたりして無理強いすると嫌な行為として学習してしまい、ますます嫌がることに。また、飼い主との信頼関係が壊れてしまいます。自発的にするよう工夫しながら、気長に練習を続けましょう。

3 トレーニングは、短時間で回数を多く

犬が集中できる時間は、ほんの数分間です。何かを教えようと思ったら、1回にかける時間は短めにし、回数を多く繰り返すと効果があります。犬にもよりますが、1日に5回を1週間ほど繰り返すと、多くの場合は効果が見られます。

るよう、繰り返し教えていきましょう。

ごほうびは、こう使おう

ほめ言葉といっしょに使う

ごほうびのフードなどは、ほめ言葉とセットにして使って。そのうち、犬はほめ言葉を聞いただけでも喜ぶようになります。

ごほうびは、食事の一部を

ごほうびは食事用のフードでOK。食べすぎないよう、1日の食事量からとり分けます。1日のカロリーの20％以内の量が目安(p.121参照)。1回のごほうびとして与えるのは、ごく少量にとどめましょう。

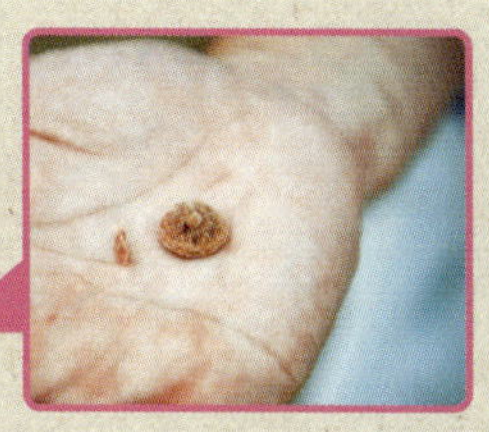

大きめの粒なら、⅓〜½くらいにカットして与える。

ときには、大好きなおやつでも

しつけのトレーニングは、大好きなごほうびを与えるほど効果がアップ。犬用おやつなど、犬が大好きなものを把握しておき、むずかしいことや新しいことに挑戦させるときはそれを与えても。

すぐ出せるようにしておく

犬が何かできたときにすぐ与えられるよう、ごほうびのフードはポケットなどすぐ出せるところに。散歩のときにも持っていくと、注意を引く場合などに役立ちます。

与えるときは、ランダムに

最初は毎回ごほうびを与え、できるようになったらごほうびを毎回与えず、ランダムに与えます。そうすることで、ごほうびの効果がより高くなります。

フード以外のごほうびも

フードのほか、おもちゃを与えたり、なでたりいっしょに遊んだりすることも、犬にとってはごほうびに。フードを与えないときは、ほかのごほうびを工夫しましょう。

4 集中力がとぎれたら、レベルを下げる

何回か繰り返してもうまくできないときは、必ずできるような1段階下げた指示を。成功したという喜びを味わわせて、少し休ませてあげましょう。

5 トレーニングは、成功させて終わる

犬には、「しつけのトレーニングは楽しいもの」と学習させることが大切。簡単なことでいいので、必ず成功してほめられ、いい気持ちでトレーニングが終わるように配慮します。

じょうずにほめ、しからない状況に

言葉とごほうびフードをセットにしてほめる

ほめる際には、「イイコ」など短く簡潔な言い方でほめます。その際に、フードなどのごほうびを与え、言葉とごほうびが結びつくようにしていきます。柴犬はなでられるのが苦手な犬種なので、嫌がるなら無理になでないこと。

しかると犬は攻撃的に。体罰やおどしは、ぜったいにNG！

動物は、恐怖や痛みから逃れようとします。しかる飼い主に恐怖を感じた犬や、体罰を受けた犬も、飼い主から逃げようとします。し

しつけの基本 4

1 とにかくたくさんほめる

しつけの効果を上げるためには、しかるのは逆効果。何かできたら必ずほめながら教えると、身につきやすいでしょう。

2 ほめ言葉は短く簡潔に

ほめるときは、「イイコ」「エライネ」など、犬が覚えやすい簡潔な言葉に。

3 ほめ言葉はごほうびとともに

ほめるとき、ほめ言葉とセットでごほうびを使っていくことで、ほめ言葉だけでごほうびと同じ効果が出てきます。また、ほめるときに高い声になりがちですが、高い声を出すのが苦手な人は、無理に出す必要はありません。

4 なでるときはのどやおなかを

なでる場合は、上から手を下ろすと、圧迫感を感じる犬も。下から手を伸ばし、のどやおなかをやさしくなでてあげましょう。

かし、人間のそばで暮らしている犬たちは、リードにつながれていたり、飼い主の家で暮らしていたりして、飼い主から逃げられない環境にいます。それを私たちは改めて自覚しなくてはいけません。

逃げられない犬は、自分の身を守るために反撃に出るしかありません。そのため、飼い主に対してうなったり、かみついたりする犬になるのです。犬がほえたり、何かを壊したときなど、しかってしつけをすべきだと考える人もいます。しかし、犬はしかる人のそばにいたくはないのです。そのため、犬のリードをはずすと戻ってこなくなるのは不思議ではありません。

犬の行動をやめさせたいときの対処例

基本は、「これをすると飼い主が相手をしてくれなくなる」「楽しいことがなくなる」と学習させることです。

別の指示出しをする

たとえば、何かをかじっていたら、「オスワリ」や「オテ」をさせると、かじることができなくなります。

無視・立ち去る

犬がとびついてきたときなどは、騒がず無視して、その場を立ち去ってしまっても（p.168 も参照）。

隠す・しまう

犬がさわって困るものは片づける。また、犬が指を甘がみしてきたような場合は、指を後ろに回して隠し、かめなくするなど、冷静に対処を。

基本のしつけ①

「ハウス」

1

「ハウスだよ」と言って、犬にクレートの中を見せる。

2

「ハウス」と言いながら、クレートの中にフードを置く。

3

体が完全に入っていなくても、犬がフードを食べるのを見守る。

まずは、すべての基本になるアイコンタクトから

犬の名前を呼んだときに、飼い主に注目して目を見るようにするための訓練です。すべてのしつけの基本になるので、家に迎えた日から練習を始めて、確実にできるようにします。

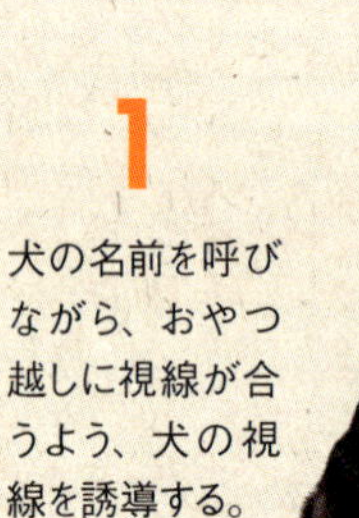

1

犬の名前を呼びながら、おやつ越しに視線が合うよう、犬の視線を誘導する。

2

しっかり目が合ったら、「イイコ」とほめながらおやつを与える。

！ポイント

- 犬が好きなフードやおもちゃを使うと、すばやく視線を誘導できる。
- 食事や遊び、散歩など、さまざまな場面でアイコンタクトをとり、飼い主を意識するようにしていこう。

ハウス＝落ち着いて過ごせる場所と教える

犬が落ち着いて過ごせる場所として、ハウスを教え、自発的に入るようにしつけます。犬がハウスを覚えると、飼い主にとってもメリットがいろいろあります。動物病院へ連れていくときや、犬が苦手なお客さんが来るときなど、ハウスに入っていてくれると助かりますね。

クレートは、犬が中で向きを変えられるくらいの大きさのものを。おもちゃやフードを入れて居心地よく。

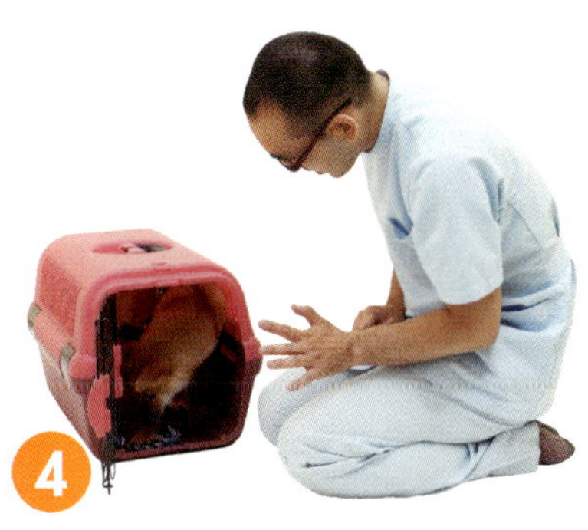

4 中に入って向きを変えたら、扉を閉めずにしばらく様子を見る。

これはNG！

おしりを押したり、体を持って押し込むようにするのは、ぜったいやめて！　犬がハウスに悪いイメージを持ってしまうので、無理強いはせず、自分から入るのを待つこと。

落ち着いたら…

中で落ち着いた様子が見られ、出てこないようだったら、静かに扉を閉める。

出てきたら…

フードを食べ終わって出てきてしまったら、もう一度フードを中に置いて食べさせる。

「サークル」

誤食や事故を防ぐためにも習慣に

室内での犬のプライベートスペースがサークル。食事を落ち着いて食べたり、ベッドで安心して休めたりする、居心地のいい場所だと教え、自分から入るようにさせます。

室内で放し飼いにする場合も、サークル好きな犬に育てておくと、何かと便利。留守中や、飼い主の睡眠中に入る習慣をつけておけば、目が届かないときの誤食や事故も防げます。

子犬を迎えてすぐのハウスは…

トイレの失敗防止のため、サークル内全部にトイレシーツを敷きつめて。1枚になるまで、徐々に減らしていきます。飲み水、ベッド、おもちゃもセットして(p.33も参照)。

子犬が家に来てすぐのころ。

徐々にペットシーツをはずしていく。

❗ポイント

● サークルをしつける前に、アイコンタクトと「マテ」を教えておこう。顔を出したら、アイコンタクトをとりながら「マテ」と指示すると、おとなしくサークル内にとどまる。

● 元気のいい犬は、ジャンプしたり、柵を乗り越えたりして、サークルの外へとび出そうとすることも。その場合は、屋根つきのサークルを使うと安心。

屋根つきのハウス Ⓡ

おもちゃやフードなどを見せながら、犬がサークルに入るように誘う。

自分から入るのを待つ。すぐ出たがったら、自由に出入りさせてもOK。新しいおもちゃを加えるなど、サークル内をより魅力的にして再トライ。何回も繰り返しているうちに、サークルが居心地いい場所とわかり、自分から入るようになる。

犬が遊んだり落ち着いたりし始めても、まだ扉は閉めずに見守る。

犬が出てくることなく、眠ってしまうなどすっかりリラックスした様子が見られたら、そっと扉を閉め、中で自由に過ごさせる。

「オスワリ」

これはNG！

犬がなかなかおすわりしなくても、犬のおしりを押してはダメ。犬は、押すと必ず押し返すという習性があるので、無理にすわらせようとしてもうまくいかないもの。下記のやり方を何回か繰り返し、それでもできない場合は別のときに再トライを。

トレーニングに入る際の基本姿勢

「オスワリ」は、アイコンタクトに次いですべてのトレーニングの基本。気持ちを落ち着かせるときにも、まず「オスワリ」させてから行うといいでしょう。

最初は、フードをごほうびに与えながら練習しますが、徐々にフードを与えなくてもできるようにしていきましょう。

1

犬の興味を引きつけるため、フードを見せてにおいをかがせる。

2

顔より少し上のほうでフードを見せると、犬のおしりが下がる。

3

おしりが下がった瞬間に「オスワリ」と言い、最初はすぐにフードを与える。これができるようになったら、次はすわって少しの間じっとして待たせる。

4

待てたら、「イイコ」と言いながら、ごほうびのフードを食べさせる。

基本のしつけ ④

「フセ」

リラックスだけでなく事故防止にも

「オスワリ」より、さらに体を低くします。寝るときに近い姿勢なので、犬が落ち着いてリラックスすることもできます。また、散歩中にほかの犬を見て興奮したときに使うと、急に動きだすことができないので、事故やトラブルを防ぐことができます。

これはNG！

うまく伏せられないときに前足を伸ばさせようとしたり、無理強いしないこと。フードを持った手を下ろす速さなどを変えながら、いろいろ試してみて。

❶ 顔のやや下のほうでフードを見せてから、手を床につくくらいの位置まで下げる。

❷ 犬がフードを見て体を伏せるようにした瞬間、「フセ」と言う。

❸ おなかを床につけた「フセ」の姿勢がしっかりできるまで待つ。

❹ 「フセ」の姿勢ができたら、「イイコ」とほめながらごほうびのフードを与える。

基本のしつけ⑤

「オイデ」

呼び戻したらすぐに来るのは、犬自身や人の安全のためにも

散歩中など、離れた場所にいる犬を呼び戻すための重要なトレーニングです。犬がどこかへ逃げ出す、他人に危害を加える、交通事故に巻き込まれる、といった危険から、犬自身や人を守るため、必ずしつけておきましょう。

やり方は飼い主1人でするトレーニング方法と、ほかの人にも参加してもらって2人でするトレーニング方法があります。

1人バージョン

1

「オスワリ」(p.60)をさせ、フードを見せて飼い主に注目させる。外でもできるようにするため、リードをつけて行う。

2

1～2歩下がって犬と離れる。距離が離れるほどむずかしくなるので、最初はごく短い距離から始める。

3

「オイデ」と呼んで、犬が少しでも近づいてきたら、ほめてごほうびを与える。最初はこれを何回も繰り返す。

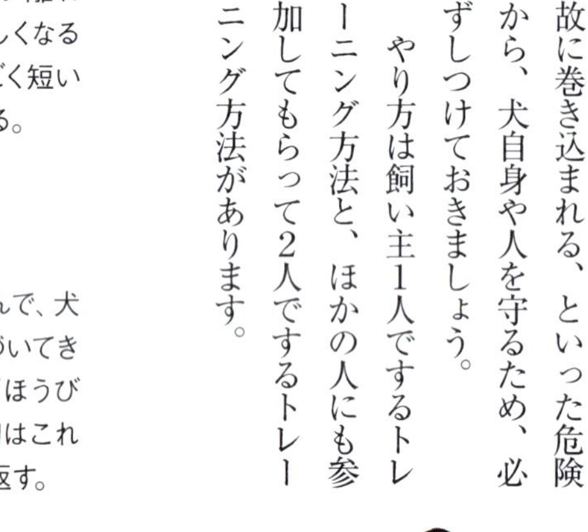

レベルアップしたトレーニング

「オイデ」と呼んで来られるようになったら、上の❷で犬から離れる前に「マテ」(p.64)と指示。そのまま犬からできるだけ離れ、「オイデ」と呼び寄せます。

2人バージョン

1

1人がリードを持って犬を「オスワリ」させ、もう1人が少し離れた場所からフードを見せて「オイデ」と呼ぶ。犬の移動中は気を散らさないよう、リードを持っている人は声をかけないよう注意して。

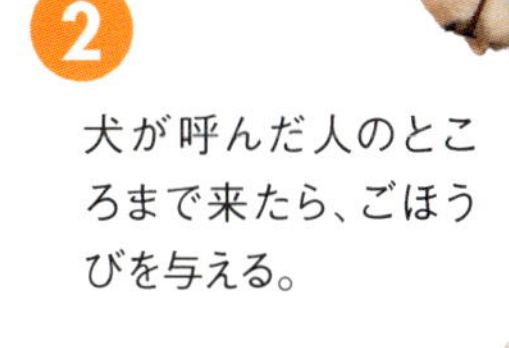

2

犬が呼んだ人のところまで来たら、ごほうびを与える。

来たよ〜！

ポイント

「オイデ」は、できれば散歩やごはんなど、楽しいことをするときに使いたいもの。歯みがきや耳そうじなど、犬が嫌がりそうなときばかりに「オイデ」を使っていると、犬が「オイデ」に嫌なイメージを持ってしまうことがある。

基本のしつけ 6

「マテ」

使える場面が多い重要なしつけ

散歩中、ほかの犬に向かっていこうとしたり、とび出したりするのを制止するなど、さまざまな場面で使えます。犬のしつけ上、重要なトレーニングのひとつなので、できるようになるまで繰り返し練習することが大切です。

また、ごはんのとき飼い主の許可が出るまで食べないという訓練にも「マテ」を使います。これは必須のしつけではないので、コミュニケーションのひとつとして楽しんで教えましょう。

その場で「マテ」

1

犬を「オスワリ」(p.60)させ、アイコンタクトをとる。

2

飼い主が後ろにゆっくりと下がり、飼い主の動きに合わせて犬のおしりが上がりそうになった瞬間、「マテ」と言って止める。

3

ごく短い距離でも、飼い主が下がるまでその場で動かず待っていられれば成功。「ヨシ」「OK」などと声をかけ、呼び寄せてごほうびを与える。さらに、飼い主が2〜3歩離れても待てるよう、練習していこう。

! ポイント

犬がわかりやすいよう、抑止する手(3の写真参照)のジェスチャーをつけてもOK。ただ、コマンドだけでできるなら、手をつけなくても。

食事の「マテ」

1 まず「オスワリ」をさせ、食器を見せる。

2 飼い主が少し離れた場所に食器を置く。犬が動こうとした瞬間、「マテ」と言って食器を後ろへ引く。

❗ポイント

「マテ」のしつけは、アイコンタクトがカギ。食事の「マテ」は、誰から食事をもらっているのか犬に確認させるためにも、始める前に必ずアイコンタクトをとろう。ただし、長時間食事を待たせるのは犬もつらいので、ごく短時間待てればOK。

3 ほんの数秒でいいので、待たせる。

4 少し待てたら、「ヨシ」「OK」などと言って食べさせる。食器を犬から少しずつ離しても待てるよう、練習しよう。

基本のしつけ ⑦

「オテ」

犬と飼い主のコミュニケーション

「オテ」で犬が足先を飼い主の手に預けるのは、飼い主との信頼関係ができていて、ふれ合いを楽しめているということ。必須のしつけではないので、コミュニケーションのひとつとして、楽しく練習しましょう。

STEP1_フードを使って

1

「オスワリ」(p.60)をさせてアイコンタクトをとったら、フードを見せ、そのまま手を閉じる。

2

犬はフードがほしくて、いろいろなことを試します。その中で前足を出してきたらその瞬間を見逃さず、「オテ」と言い、前足を持つ。手を開いてフードを食べさせる。

ポイント

- 犬が手を出すようになるまでは、フードを使って何回も繰り返す。
- ごほうびのフードは、手で握り込めるような小さいものでいい。

STEP2_フードを使わずに

「オスワリ」をさせてアイコンタクトをとったら、「オテ」と言って犬の前に手を出す。

「オテ」という言葉を聞いただけで前足を手にのせてきたら、前足を握ってほめたあとで、ごほうびのフードを与える。

まわりのものに慣らす社会化訓練を

こわい思いをさせずに、さまざまな体験をさせる

子犬の「社会化」（p.50）のため、家に迎えてすぐの時期から、さまざまなものに慣らすレッスンも忘れずにしましょう。

慣れさせるためとはいえ、ぜったいにこわい思いや嫌な思いをさせないこと。万一、こわい思いをさせてしまったら、嫌な記憶が定着しないように、すぐにおやつをあげたり、遊んであげるなど、しっかりフォローしましょう。

1 相手のにおいをかがせる。最初は犬の鼻の前に手を伸ばしてかがせるといい。

2 少し慣れたら、のどのあたりをなでる。

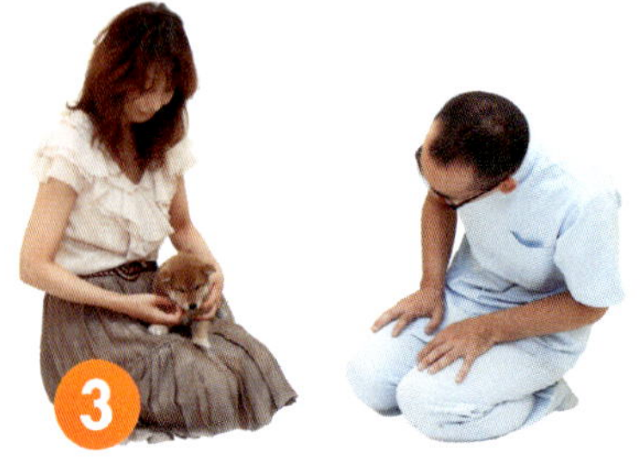

3 犬が落ち着いているようなら、ひざにのせてなでる。飼い主がそばで見守っていると、犬も安心する。

人に慣らす

人に慣れるには、人間は自分をかわいがってくれる存在だと学習させることが必要。まずは飼い主の家族やまわりの人から、ゆっくり慣らしていきましょう。そのあとで、老若男女、さまざまな職業の人、いろんな声や体格の人など、多彩な人に会わせていくといいですね。

これはNG!

犬が慣れない相手に、いきなり抱っこさせる。

上から手を伸ばして頭をなでる（犬が圧迫感を感じる）。

屋外で

最初は遠くから相手の犬を眺めさせる。

徐々に距離を縮めていって、最後はふれ合える距離に。このときも、おしりのかぎ合いから入る。

ほかの犬に慣らす

散歩中に会う犬や、友達の家の犬と仲よくさせたいと飼い主が思っても、いきなりの急接近は、犬にとって恐怖の体験にもなりかねません。ゆっくりと対面させていきましょう。最初は、おだやかで落ち着いた性格の犬から慣らしていくと安心です。

室内で

いきなり顔を突き合わせず、おしりをかぎ合うあいさつから。

あいさつが終わってお互いが落ち着いた様子なら、正面から対面させてみても。

母犬やきょうだい犬と過ごすのは、社会化に効果的

生後何週間かを、母犬やともに生まれたきょうだい犬と過ごすのは、社会化に非常にいい効果があります。母犬にやさしくなめてもらったり、きょうだい犬とじゃれ合ったりする中で、ほかの犬はこわくないということを学習できます。

その意味で、生まれてすぐに母犬のもとから子犬を引き離すのは、社会化のさまたげにもなる避けるべき行為です。

自然環境に慣らす

草や花などの植物、川のせせらぎ、地面や芝生の感触など、身近な自然環境にもふれさせてあげましょう。ワクチン接種が終わらないうちは、抱っこでプレ散歩を(p.76 参照)。

雑踏や騒音に慣らす

車やバイク、救急車などさまざまな車、その騒音、人込みやざわめきなども経験させてみましょう。興奮して疲れてしまうので、出かけたあとはゆっくりさせて。

家の中のものに慣らす（掃除機に慣らす）

掃除機やドライヤー、インターフォンなど、身近なものが苦手だったり、過剰反応を見せる犬もよく見られます。これらも社会化の時期に慣れておくと、あとあとラクになります。苦手の代表、掃除機の慣らし方は下記です。

スイッチを入れないで、掃除機にふれさせる。掃除機にいいイメージを持たせるため、周囲にフードを 20 粒くらいまいておく。ホースなどに、好きなフードやおやつのにおいを塗っておいてもよい。

止まった状態で慣らしたら、最初は弱めのモードで動かし、だんだん強くしていく。最終的にはフードなしで動かす。

動物病院に慣らす

診察台の上でおびえたり、攻撃的になったりすると、診察に支障が出る場合も。診察後におやつをあげるなどして病院にいい印象を持たせると、犬にも飼い主にも受診時の負担が減ります。

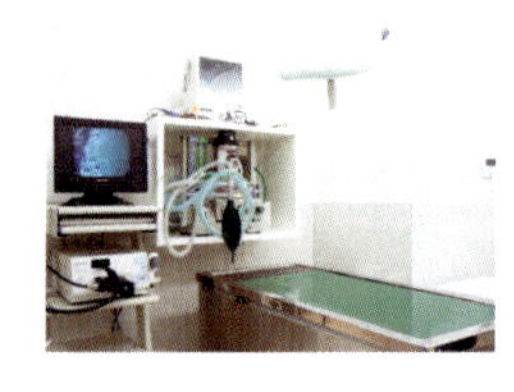

お手入れに慣らす

ブラッシングや爪切り、歯みがきなどのお手入れにも慣らしておきたいもの。最初は体にさわられることに慣れる「タッチトレーニング」(p.38) から始めましょう。

そのほか、身のまわりのあらゆるものに慣らしておきましょう！

3章

散歩、お出かけレッスン

柴犬に合った散歩の時間、回数、コース

柴犬が大好きな散歩を日課に

散歩は、犬にとって運動になるだけでなく、気分転換にもなります。外の刺激を受けることは、子犬の社会化（p.50）のためにも不可欠ですし、シニア犬にとっては老化防止の助けにもなります。飼い主と犬が楽しくコミュニケーションをとれる時間でもあるので、積極的に散歩に連れていってあげましょう。

散歩＝排泄の時間ととらえている飼い主もいますが、排泄は家でするのが基本。排泄を散歩中の習慣にしてしまうと、足腰の弱った老犬になったとき、室内で排泄で

時間 for a walk

成犬は 1日1時間以上

子犬はワクチン接種がすんだら、地面に足をつけた散歩をスタートしてOK（p.76参照）。最初は家の周囲を散歩するぐらいから始め、徐々に距離や時間を延ばし、だんだん本格的な散歩をするようにしていきます。

健康な成犬は、1日にトータル1時間くらいは散歩をさせるのが理想。犬の体調や様子を見ながら、公園などでボール遊びをしたり、走ったりと、歩くだけでなく思い切り体を動かす時間をつくってあげましょう。

回数 for a walk

1日 2回以上が理想

できれば、1日2回以上は散歩に連れていきたいものです。そして、そのうち1回は、たっぷり運動できる散歩にしてあげましょう。天気の悪い日は、1日1回になってもしかたありませんが、その場合はストレス発散のため、家の中でたっぷり遊んであげましょう。

きずに困る場合があります（p.170参照）。

散歩のときの持ち物リスト

水と水飲み用器は必携。容器は、ぺったんこにつぶせてコンパクトになる便利なタイプもあります。外で排泄する習慣がなくても、念のためうんち袋はいつも携帯して。おやつは、しつけのごほうび用や、犬の注意を引くために持っていくと活躍します。

- □ 水
- □ 水飲み用の器
- □ うんち袋
- □ ティッシュ
- □ ごほうび用のおやつ
- □ おもちゃ

コース
for a walk

日によって変化をつける

犬の楽しみのためにも、社会化のためにも、コースはときどき変化をつけてあげるといいですね。同じようなコースでも、一本違う道を通ったり、いつもと逆回りするだけで気分が変わります。コースを変えると、これまで会わなかった犬に遭遇するなどのサプライズも期待できます。また、通る場所も、アスファルトの舗装道路ばかりでなく、土の道路や草むらなど違った感触を味わわせてあげたいもの。

時間帯
for a walk

ランダムでOK

大まかに、朝と夕方（または夜）、と決めておけばOK。時間はきちんと決めないほうが、変化があって犬も楽しめるでしょうし、時間を厳密に決めてしまうと、その時刻になると犬が散歩を要求してほえるようになることも。

ただし、真夏の日中や真冬の早朝や夜など、暑さ・寒さの厳しい時間帯は避けましょう。特に夏は、熱中症にならないよう、できるだけ涼しい時間帯を選んで散歩を。

子犬のうちから胴輪やリードに慣らす

散歩デビュー前に室内で胴輪を

子犬の散歩デビューは、予防接種が終わってから。ただ、散歩OKな時期が来たからと、いきなり胴輪やリードをつけようと思っても、嫌がる犬が多いのです。散歩デビューの前に、室内で胴輪やリードに慣れる練習をしておきましょう。

慣らすのは、社会化（p.50）の時期である生後3～16週のうちに。室内での装着に慣らしておけば、外で散歩を始めたときに、嫌がらずスムーズにいきます。

首輪はすっぽり抜ける場合もあり、また、犬が急に動いてリード

胴輪の装着法

※嫌がるなら、フードを与えながら行う。

犬の体のサイズに合った胴輪を選び、床に広げてセットし、所定の場所に前足を入れる。

犬の上半身を持ち上げ、前足を胴輪に通して胸につける。

背中側の留め具をきちんとはめて胴輪を装着。

ゆるみはないか、首や胸が苦しくないかなどチェックして、不具合があれば調節を。つけ終わるまでおとなしくできたら、ごほうびのフードをあげよう。

を引っ張ったときなどに首に負担がかかりやすいので、おすすめしません。胴輪なら、上半身を包み込んではずれにくく、急にリードが張ったときも犬にかかる負担が少ないので、おすすめです。

胴輪に慣れた犬は、外での散歩デビューもスムーズ。

胴輪＆リードセット

ワンタッチで装着しやすいものが便利です。

デニム素材で強度があり、しっかりした作り。Ⓑ

子犬から使えるサイズ調整幅の広いタイプ。Ⓑ

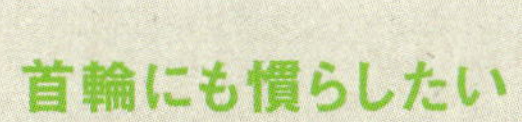

首輪にも慣らしたい

散歩には胴輪を使っても、犬のマークとして、また、ファッションとして首輪を使うこともあるかもしれません。そのため、社会化の時期に、首輪にも慣らしておいてもいいでしょう。

Ⓑ

リードの装着法

胴輪の背中側にある輪にリードをとりつける。

このまま家の中で歩き回り、慣らす。

社会化の時期は、プレ散歩へ

早い時期から、抱っこでプレ散歩を

子犬は予防接種がすむまでは、さまざまな病気に感染する可能性があるため、外では抱っこしたままで、地面へ下ろしての散歩はまだ始めないこと。でも、生後3～16週は社会化（p.50）の重要な時期であるため、接種完了前でも外へ連れていき、いろいろなものを見せたり、音を聞かせたりして、外の世界に慣らしていきましょう。

体調に問題なければ家に来た翌日から始めてもOKです。実際に歩かせるわけではありませんが、逃げ出すような場合に備え、胴輪とリードをつけて出かけます。

プレ散歩の例

身のまわりのものにも慣らす

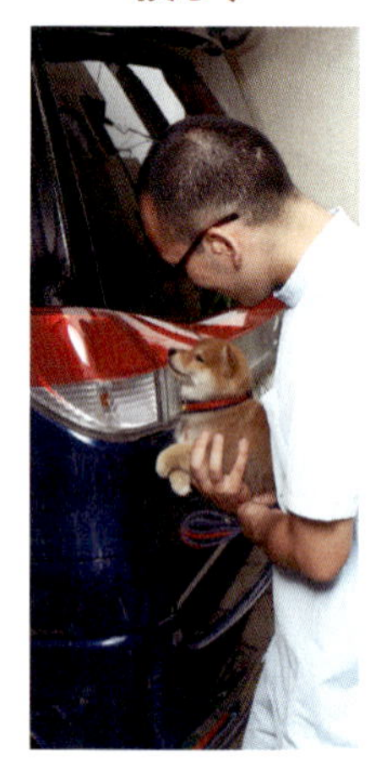

家の車や自転車、庭に置いてある道具、植木や花壇など身近なものも、見せたり、においをかがせてみよう（乗り物に乗るのに慣れさせる方法は、p.82～83参照）。

道路で車の音や雑踏などに慣らす

外の様子に慣れてきたら、交通量の多い道路際へ。車の騒音や、クラクション、救急車のサイレンなど、さまざまな音を聞かせたり、道行く車や人を見せたり。繁華街など、徐々に人通りの多い場所へ行っても。

公園で自然や人・ほかの動物に慣らす

最初は、あまり人のいない公園など静かな場所から。離れた場所から人やほかの犬を見せたり、葉っぱのにおいをかがせたりして、五感を刺激する。

もし柴犬が逃げてしまったら

散歩中にうっかりリードを離す、首輪が抜けるなどで、飼い犬がどこかへ行ってしまうことがあります。室内にいても、ドアや窓を開けた瞬間などに逃げ出してしまうことも。外に出た犬は、興奮して走り回ったり、パニックになったりして、事故にあう危険もあります。できる限り早く見つけてあげましょう。

迷子予防の対策

マイクロチップを埋め込む

マイクロチップは、個体識別のためのID番号が記録された直径2㎜、長さ12㎜ほどのカプセル。犬の体に注射で埋め込みます。専用の読み取り機で個体を特定でき、半永久的に活躍します。登録を希望する場合は、取り扱いのある動物病院へ。

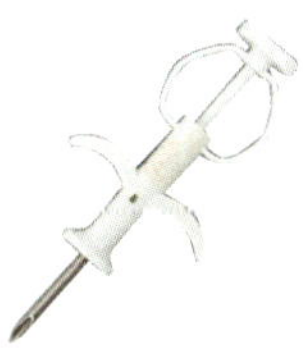

注射器のような器具で、マイクロチップを背中に埋め込む。

ネームホルダーをつけさせる

ネームカードや鑑札を入れられるホルダーを、犬の首輪や胴輪につけておくことも、迷子対策になります。

コイン形のIDプレート。Ⓑ

ネームカードと鑑札の両方が入れられるホルダー。Ⓑ

迷子になったら

まずは近所を探す

柴犬の名前を呼びながら、近隣を探しましょう。「オイデ」(p.62)のしつけができている犬なら、飼い主の声が聞こえれば戻ってくることが多いものです。

貼り紙やチラシを作る

柴犬の写真と連絡先の載った貼り紙やチラシを作り、近所に配りましょう。スーパーや自治会の掲示板、動物病院やペットショップなどに貼らせてもらうのも効果的です。

各所へ問い合わせ＆SNSを利用

近くの交番や警察署、保健所、動物保護センターに問い合わせを。ツイッターなどでの情報拡散、インターネットのペットの迷子掲示板への書き込みなどで見つかる場合も。

散歩のときの歩き方レッスン

歩き方をしつけ、楽しく安全な散歩を

ワクチン接種を終えると、いよいよ通常の散歩デビューです。愛犬と散歩ができるのは、飼い主にとって何よりの喜びでしょう。犬にとっても、散歩は大好きな時間。それだけに、喜んで走りがちです。しかし、犬が事故やトラブルにあわないためにも、飼い主と歩調を合わせて歩けることが必要です。

また、散歩中にほかの犬に会ったとき、落ち着いてすれ違ったりふれ合ったりできるようにもなっておきたいものです。散歩に必要なマナーを犬にしつけ、楽しく安全に散歩を楽しんでください。

基本の歩き方

飼い主について歩く

散歩中にリードを引っ張るようなことがなく、
飼い主の歩みに合わせて、犬がついて歩けるようになるために行います。

基本の立ち方。犬を利き手の反対側に立たせ、リードの持ち手部分は利き手でしっかり握り込み、逆側の手でリードの途中をつかみ、短めに持つ（リードが張らない程度に）。

基本姿勢で犬が落ち着いたら、犬の名前を呼んでアイコンタクトをとり、飼い主に意識を向けさせながらゆっくり歩き出す。犬の位置は、飼い主より少し前でも後ろでもかまわない。

リードを引き戻すのはNG！

犬が先を急いでリードを強く引っ張っても、引っ張り返しては逆効果。犬は引っ張られたら、また引っ張り返す習性があるからです。名前を呼び、フードを見せて呼び戻し、もう一度基本の立ち方に戻って、フードを与えて飼い主に意識を向けさせます。犬が落ち着いたら、再び歩き始めましょう。これを何回も繰り返します(p.169も参照)。

歩いている途中も、飼い主に意識が向くよう声をかけ続ける。最初は、短い距離でもリードを引っ張らずに歩けたら、成功！ ほめて、ごほうびを与えよう。

犬が先へ行ってしまったり、何かに注意を引かれて止まってしまった場合、リードを引っ張ってはダメ。おもちゃやフードなどを使って「オイデ」と言って呼び戻す。

散歩中、ほかの犬と会ったときの対処法

ほかの犬とすれ違う

ほかの犬と出会ったとき、ほえたり向かっていったりせず、
おとなしく通り過ぎることができるようにするトレーニングです。

❗ポイント

ほかの犬と出会ったときは、最初のうち、とにかくこわい思いをさせないことが大切。そばですれ違うのは、最初はおとなしそうな子犬や小型犬だけにしよう。大型犬が来たときは、その場から離れたほうが安心。

前方からほかの犬が来たら、リードを短めに持ち、お互いに犬を外側にして飼い主同士が内側になるようにする。近づいたら犬に声をかけ、飼い主に注意を向けるようにしてすれ違う。

そのまま、やや早足で通り過ぎる。できれば、おとなしい小型犬のいる知り合いの飼い主さんに協力してもらい、練習するといい。

それでも相手の犬に向かっていくときは？

「オスワリ」「フセ」などの声がけをします。それによって移動できなくなるので、相手の犬に向かっていくこともできなくなり、また、気持ちの切り替えにもなります。

犬同士あいさつさせる

ほかの犬と遊べるようになるための前段階として、
犬同士が初対面でおだやかにあいさつできるようにします。

❗ポイント

犬同士のあいさつは、最初は知り合いに協力してもらったほうが安心。体格が同じくらいで、おだやかな性質の犬に来てもらおう。ただ、相性が悪そうな場合は、無理せずすぐに引き離す。

いきなり顔を突き合わさせない

初対面でおしりをかぎ合う前に顔同士を突き合わせると、対決の姿勢になったり、弱いほうの犬がおびえることにも。まずはおしりから！

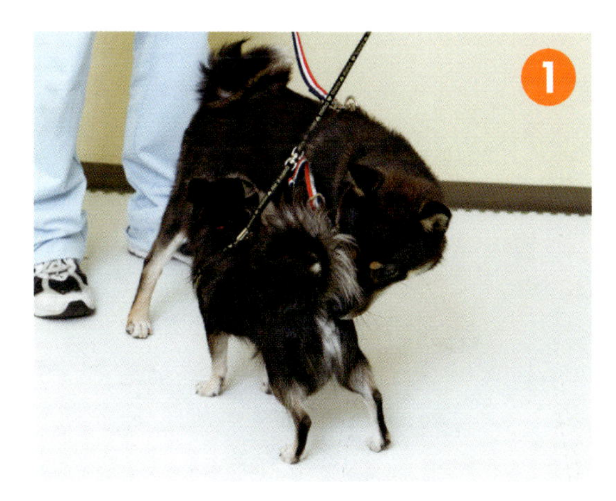

片方の犬のおしりを、もう片方の犬にかがせます。どちらが先にかぐかは、犬たちが決めます。同時にかぎ合うこともあります。

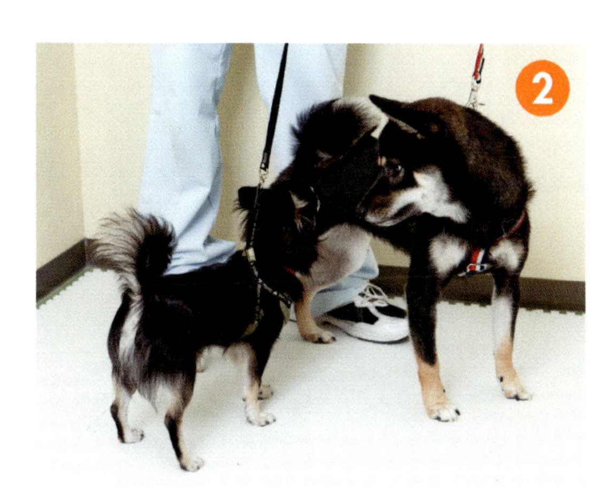

❶と逆のパターン。これが終わったら、顔を突き合わせてかぎ合っても大丈夫。

犬を連れて、乗り物でお出かけする

車酔いに気をつけ、安全に移動を

犬を連れてお出かけする場合、遠出なら車が便利です。走行中は安全のため、クレートに入れるのが鉄則。足元に置くか、落ちないようにシートにのせます。

車酔いをする犬もいるので、短い距離のドライブから、慣らしていくといいですね。車酔いのサインは、たくさんあくびをする、よだれを流す、意味なくほえるなど。そんなときは、窓を開けて風を入れたり、停車してクレートから出し、外の空気を吸わせます。酔い止めの薬を動物病院で処方してもらうこともできます。

もうすぐ着くからね

ときどき声をかけてあげる

車の座席にクレートをのせたら、飼い主が手で支えたり、シートベルトで固定して、落ちないよう注意。走行中は、犬が酔っていないかチェックし、こわがったり退屈したりしないよう、ときどき声をかけてあげましょう。

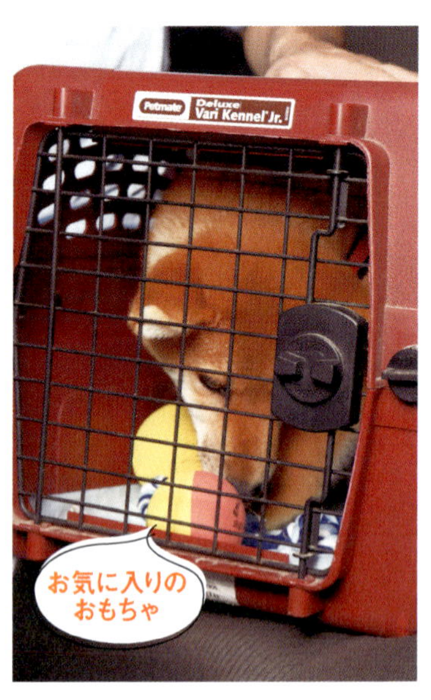

クレートの中は居心地よく

車で外出するときは、ふだんから使い慣れているクレートやキャリーに入れて。あらかじめ、「ハウス」のしつけ(p.56)をしておきましょう。中には、お気に入りのおもちゃをいくつか入れ、犬が少しでもリラックスして楽しめる状態をつくりましょう。

公共の乗り物の場合は?

公共の乗り物の場合、運営会社や乗る車両のタイプなどでも規定が異なるので、あらかじめ確認してから出発しましょう。

飛行機

出発時、カウンターでクレートに入れて預けます。ケージ(クレート)は飛行機内の貨物室に入れられます。貨物室内の空調は、客室同様に配慮されています。到着後は手荷物扱いではなく、係員が直接、飼い主のところへ戻しにきてくれる航空会社が多いよう。預けるための費用は距離にもよりますが、国内便では1ケージ5000円程度。

電車

係員のいる改札口で、手回り品用の切符(犬の切符にあたるもの)を購入し、それで入場します(飼い主の切符は別途)。犬はクレートやキャリーバッグに入れ、車内ではぜったいに外に出さないこと。ほえたりうなったりするようなら、いったん下車し、落ち着いてから再乗車を。クレートのサイズや重さには上限がある場合があるので、先に確認を。

車内やお出かけ先では、マナーベルトをつけていると安心

お出かけのとき便利なのがマナーベルト(マーキングガード)。犬用のナプキンやトイレシーツをはさむことができる幅広のベルトで、腰に巻いておけばおしっこをしても吸収してくれるので、車内や出先のソファ、床などを汚さずにすみます。オス犬がマーキングするのも防げて、飼い主は大助かり。

公共の場では、マナーベルトをつけて配慮するのが飼い主のエチケットです。市販品がいろいろ出ているので、サイズの合ったものを選んであげましょう。

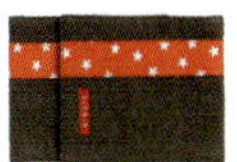

内側が防水加工されたデニム地のベルト。

COLUMN

災害時に避難するときは

万一の災害に備えて、ペットの避難準備も必要です。避難グッズはひとまとめにして玄関などに置いておくと、あわてずにすみます。環境省は、2013年に「災害時におけるペットの救護対策ガイドライン」を発表し、「ペットは同行避難を原則とする」としています。ただし、避難先ではほかの人への配慮から、犬は別の場所で過ごすこともあることを知っておきましょう。避難先から逃げたときのため、首輪と迷子札をつけ、マイクロチップも入れておくと安心です（p.77参照）。

環境省がすすめる災害に備えたしつけ

- 「マテ」「オイデ」「オスワリ」「フセ」などの基本的なしつけをしておく。
- 日ごろから、ケージに慣らしておく。
- 不必要にほえないしつけをしておく。
- 人やほかの動物をこわがったり攻撃的にならないよう、社会化をしっかりしておく。
- 決められた場所で排泄ができるようにしておく。
- 狂犬病予防接種をはじめ、各種ワクチンをきちんと接種しておく。
- フィラリアなど、寄生虫の予防、駆除を行っておく。
- 不妊・去勢手術を行っておく。

柴犬と避難するときに必要なもの

□飲料水
1日分（体重1kgにつき40～60mℓ）×3日分を用意。

□食料と携帯用の皿
ごはんは未開封のものを。ドライフードだけでなく、栄養と水分が補給できるシチュー缶がおすすめ。

□薬
常備薬は忘れずに。

□トイレグッズ
ペットシーツは多めにあると安心。

□ワクチンの証明書
ワクチン接種後、動物病院で発行される。

□飼い犬の写真
行方不明になったときに、人に見せる用。

□首輪、迷子札など
万一、逃げてしまったときに備えて。

□あると便利なもの
タオル、ビニール袋、新聞紙など。

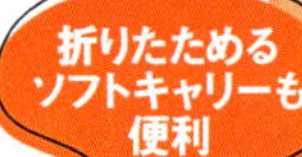

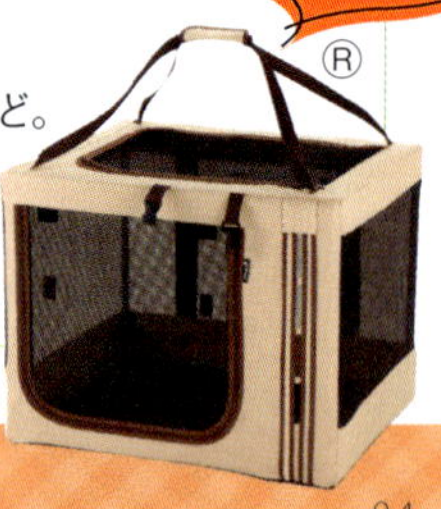

軽くて適度な広さがあるので、避難先で使うのに便利。たためばコンパクトに収納できる。

4章

しぐさや行動から気持ちを知る

柴犬のしぐさから気持ちを読みとる

体や顔の部位に気持ちがあらわれる

柴犬にも感情はありますが、それは複雑な心の動きではなく、生きていくうえで生じる、ごく単純なものです。たとえば、飼い主になでられて「うれしい」、おもちゃで遊ぶと「楽しい」、強そうな犬がいると「こわい」など。そのときどきで、反応に近い「思い」はあると考えられます。

ただ、柴犬を含めた日本犬は感情表現をがまんしがちで、洋犬ほど感情をあらわさない傾向があります。体や顔の動き、しぐさ、鳴き声などを観察するうちに、気持ちがわかるようになっていきます。

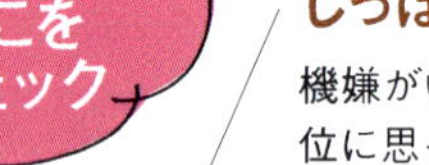

耳

うれしい、楽しい、興味があるなどのとき前方に向けられ、警戒、恐怖などを感じているときは後方に(p.88 参照)。

鳴き声

鳴き方や回数をチェック。警戒したり怒っているときは、低いうなり声に。うれしい、楽しいなどのときは高めの声。同じ高い声でも、要求があると何度も繰り返す(p.89 参照)。

しっぽ

機嫌がいい、相手より優位に思っているなどのときは高く持ち上げ、恐怖や不快を感じているときは低い位置に。動かし方からも感情が読みとれる(p.87参照)。

背

こわいときや弱気なときは、低い姿勢になる。威嚇したり強気なときは、高めの姿勢に。

「カーミングシグナル」を知っておこう

「カーミングシグナル」とは犬同士のボディランゲージで、相手と自分を落ち着かせて、友好な関係を築くために行う動作。口、耳、しっぽなどを使い、メッセージを出します。カーミングシグナルを知っておけば、犬の気持ちを理解する手がかりになります。

敵意がないことを示すシグナル
ゆっくり動く、すわる、カーブを描いてすれ違う、顔をそむける・目線をそらすなど

相手を落ち着かせたいときのシグナル
あくびをする、体をそむける、伏せるなど

しっぽで気持ちを読みとる

柴犬に限らず、犬の感情はしっぽの動きによくあらわれます。
しっぽといっしょに、顔の変化や体の力の入りぐあいなどもチェック。

小刻みに動かす

何かに興味を示して、「何かな？」と思いながら見ているときの状態です。

左右に勢いよく振る

テンションが上がって楽しいときには、しっぽだけ左右に激しく振ることもあります。しっぽの力は抜けていて、体も緊張していない状態です。

おしりごと大きく振る

おしりごとしっぽを振ったり、腰をクネクネさせながらしっぽを振るのは、気持ちが高揚していて、「とてもうれしい」「大好き！」などと伝えたいのです。

ダラリと下げて股の間に

しっぽを下げるのは、恐怖や不安を感じているときです。こわくてしかたないときなどによく見られます。

力を入れずたらしている

しっぽが自然な状態なのは、最もリラックスしているときです。表情もおだやかで、体にも力は入っていません。

上に立てる

しっぽを振らず立てているのは、自分を大きく見せて、「強いんだぞ」というアピール。気持ちが高ぶり気合いが入っていますが、体の力は抜けていて臨戦態勢ではありません。

目、鼻、口元、耳で気持ちを読みとる

感情をあまり表に出さないといわれる柴犬ですが、
顔まわりの部位の動きにも感情が出るので、観察してみましょう。

地面のにおいをかぐ

見知らぬ犬に出会って緊張したりこわいなと感じたとき、自分や相手の気持ちを落ち着かせるための行動。鼻をクンクンさせて地面のにおいをかぐようにしながら相手に近づいたりします。

よその犬とじっと目を合わせる

散歩の途中で出会った犬などと目を合わせ、体をこわばらせているのは、一触即発の臨戦態勢に入ったときです。

飼い主と目を合わせようとする

飼い主の動きを目で追って、目を合わせようとするのは、飼い主に注目してかかわりたいとき。または、何かしてほしい要求があるときです。

耳を後ろに倒している

しっぽも下がってうつむきがちなら、恐怖を感じています。また、表情がおだやかで飛び跳ねたり鳴いたりしているなら、喜んでいます。

耳を立ててピクピク動かす

表情がおだやかなら、自分が興味を持ったものの様子を見ているのです。

あくびをする

しかられているときなどにするあくびは、気分転換のしぐさ。嫌な雰囲気を感じとり、緊張をほぐそうとしています。

鳴き声で気持ちを読みとる

鳴き声の高低や、長さ、繰り返す回数などにも、気持ちがあらわれます。
状況や表情も加味すると、さらに気持ちがわかりやすいでしょう。

アピール

ハウスから甘えるように鳴くときは、「出して！」とアピールしているのです。

喜んでいる

かなり高い声でほえながらしっぽを左右に大きく振っているなら、喜んでいるということ。ただし、しっぽを振らずに「キャンキャン」と鳴くだけのときは、どこか痛いのかもしれないので、ボディチェックを。

うれしい・楽しい

高い声でほえるのは、家族が帰宅したときなどの鳴き方。テンションが上がって、鳴きながら走り回ります。

不快

犬歯（キバのようにとがった歯）を見せてうなるなら、不快なのです。嫌なことをされて、それ以上するなという警告です。

威嚇

ほかの犬など相手をにらみつけているときは、相手の行動が気に入らず威嚇しています。

不安

留守番をしているときなどに小さい声でこの鳴き方をするときは、飼い主や家族の姿が見えなくて不安に思っているあらわれ。

Q&A

柴犬をもっと理解して仲よくなるために、
不思議な行動やしぐさのワケを知っておきましょう。

Q 前足をかがめて、おしりを高く上げるのはどんな気持ち？

A 「遊ぼうよ」と誘っています

これは、「プレイバウ」といって、カーミングシグナル（p.86）の一種。好きな相手を前に、うれしくて気分が高揚し、「遊ぼうよ！」と誘っているのです。同時に、目を合わせようとしたり、しっぽを左右に振っていたりと、好意をあらわす様子が見られるはずです。

Q 飼い主に前足でタッチすることがあるけれど、なぜ？

A 「かまって」というアピールです

飼い主が、テレビを見るなど自分以外のものに集中しているときに、よく見られます。自分のほうを向いてかまってほしくて、「ねえねえ」というように前足でさわり、気を引いているのです。

Q 片足だけちょこんと上げることがあるのは、なぜ？

A 状況をうかがっています

周囲の状況をうかがっているときや、何か考えているときのしぐさ。飼い主が何かしているときや、病院で獣医師のすることを見ているときにも、「何をしているのかな？」と片足を上げることがあります。

Q 自分のしっぽを追いかけてグルグル回るのは、遊んでいるの？

A イライラしているのかも

子犬の場合は、自分のしっぽにじゃれているのでしょう。成犬の場合は、ストレスを感じたときに気分を紛らわせたり、イライラを発散させるためにします。しっぽをかんで傷つけてしまうようなときは、獣医師やトレーナーなど、犬の行動学にくわしい専門家に相談しましょう。

柴犬の行動・しぐさ

Q 室内のものをかじるのは、楽しいから?

A 暇つぶしの作業に夢中なのです

柴犬にとって、ものをかじるのは本能的な動作。気に入ったものをかむことに没頭し、楽しんでいます。ただ、暇を持て余していたり、かまってくれない飼い主の気を引きたいときにも見られるので、頻繁にものをかじるようなら、遊ぶ時間を増やしたり、かんでもいいおもちゃを与えましょう。

Q 散歩中、ほかの犬のにおいをかぐのは何のため?

A 相手の情報を収集しています

犬は、においをかぎ合うことがあいさつのかわり。鼻や口のまわり、耳、おしりなど、においの強い部位をかいで、情報交換をします。また、肛門近くにある臭腺をかぐことで、相手の性別や年齢、健康状態のほか、そのときの気分や自分より強いか弱いかなどの細かい情報も得ています。

Q 寝る前に穴を掘るしぐさをする意味は?

A 地面を掘って、眠っていたころの名残

昔、自然の中で暮らしていたころの柴犬は、地面を掘ってからその場所を踏み固めて、寝床をつくっていました。これはそのころの名残で、本能的なしぐさ。室内では、布団やマットなどを掘るような動きをしてから、その場でグルグル回ってから横になります。

Q 外に向かってほえるのは、なぜ?

A 縄張りに入ってきた相手への反応

耳やしっぽが立っているなら、自分の縄張りに侵入している相手を威嚇し、飼い主に知らせています。立派な番犬ですね。しかし、耳もしっぽも下がった状態なら、窓の外の相手をこわがっているのでしょう。うるさくほえるようなら、外が見えないようにしてあげましょう。

柴犬のストレス

ストレスの原因を知り、できるだけとり除いて

不快や恐怖を感じるもの・ことは、柴犬のストレスになります。いろいろありますが、特に柴犬は、むやみに体にさわられるのを嫌がります。また、エネルギッシュな柴犬にとって、散歩不足もストレスに。そのほか、飼い主と長時間離れることや環境の変化などにもストレスを感じるようです。

ストレスが続くとかむようになるなど、問題行動が見られるようになることも。柴犬が嫌がることや行為を知って、できるだけそれを避け、おだやかに暮らせる環境をつくってあげましょう。

動物病院での診察や治療

獣医師にあちこちさわられたり痛い思いをしたりする病院は、柴犬にとって最もこわい場所。通院時に入れられるキャリーを見ただけでおびえる柴犬もいます。とはいえ、病気や健診での通院は必要なので、子犬のころから慣らしておくなどして、通院によくない印象が残らないよう気をつけてあげましょう。

突然の大きな音

大声や騒音などが突発的に聞こえるとおびえます。ドアをバタンと閉めたり、急に叫んだりなどしないよう気をつけて。

一頭での留守番

飼い主が大好きな柴犬は、留守番などで一頭でいる時間が長いと、不安になったりさみしくなったりします。帰宅後はふれ合いの時間をゆっくりとってあげましょう。

ストレスのサイン

犬が急にいつもと違うことをし始めたときは、ストレスが原因かもしれません。一見ストレスサインと思えないような行動も、ストレスが原因のことも。右の項目のような様子が見られたら、ストレスの原因はないか探すとともに、体調も注意深く見ることが大切です。

- □ 暑くないのにハアハアと息をする
- □ 手足や体、口元や鼻をペロペロなめ続ける
- □ やたらと体をひっかく
- □ しっぽを追いかけてグルグル回る
- □ 足の裏に汗をかく
- □ 目の間、口角の後ろの皮膚にシワが寄る
- □ しきりにまばたきをする
- □ トイレを失敗する
- □ 飼い主に過剰に甘える
- □ 飼い主を避けようとする

ケージに入れっぱなし

自由に動けないと柴犬は退屈しますし、大きなストレスを感じます。家の中では、夜、家族が寝るときや留守番のとき以外は、できるだけ自由に動き回れる環境を整えてあげましょう。

体にふれられること

ほかの犬種に比べて、柴犬は体にさわられることを特に嫌がる傾向があります。そのため、ブラッシングや爪切りなどのケアを嫌がる柴犬も。子犬のころからタッチトレーニング(p.38)をして、体にさわられることに慣らしておくのが大切です。

空腹

人間と同様、柴犬も空腹が続くとイライラし、問題行動につながることも。毎日、年齢と体重に合った量の食事をきちんと与えることが大切です。

家族の変化

柴犬は、飼い主や家族(群れ)とのきずなを重視する犬種。その分、飼い主のファミリーの変化に敏感です。一家の子どもがひとり暮らしを始めて家族の人数が減ったり、逆に、赤ちゃんが生まれて家族が増えたりなどの変化にも、慣れるのに時間がかかります。

散歩不足

柴犬は体力がありエネルギーにあふれた犬種なので、若い犬ほど運動や散歩が不足するとストレスから問題行動を起こすことがあります。毎日、散歩を十分してあげましょう。体を使った遊びもたっぷりしてあげたいですね。

暑さ・寒さ

柴犬がいつも快適に過ごせるよう、快適な温度を保ちましょう。暑いとハアハアと舌を出して呼吸をし、寒いと丸まってあまり動かなくなります。外飼いは、猛暑日や真冬日など、柴犬にとって過酷な気候にあうおそれも。フィラリアなど病気の心配もあるので、できるだけ室内で飼うようにしましょう。

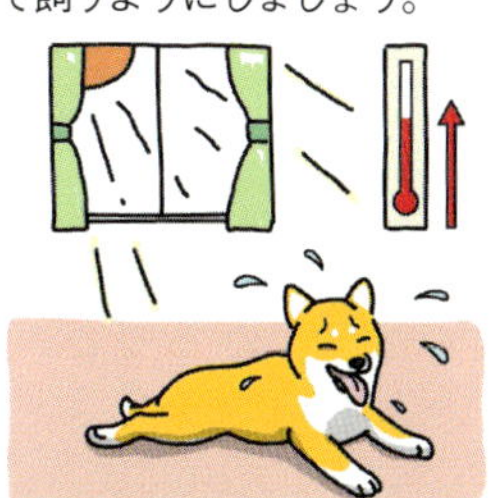

ストレス原因が不明なら、これもチェック!

まずは上のような原因がないかを考えてみましょう。思いあたる点がなければ、犬の生活環境が快適か、右の項目をチェック。右の項目も該当がなく、ストレスが原因と思われる行動が続くときは病気の疑いもあるので、動物病院で相談しましょう。

- □ フードは気に入ったものを与えているか
- □ 音やにおいなど、周囲に犬が嫌がるものはないか
- □ 退屈せずに遊べるおもちゃはあるか
- □ トイレは落ち着いてできる場所にあるか
- □ かまいすぎたり、逆に無視していないか
- □ 思い切り走ったり体を動かせる機会はあるか

柴犬の体と心を刺激する遊び

犬の好奇心・探究心を刺激する遊びを

子犬はとにかく、好奇心が旺盛。そのため、さわってほしくないものをいたずらしたり、行ってほしくない場所に入り込んだりということもあります。

まず飼い主が先回りして、犬にさわってほしくないものは片づけ、入ってほしくない場所はブロックするなどの対処が必要ですが、飼い主が遊びを通して好奇心や探究心を刺激し、満たしてあげることでも、犬のいたずらは減っていきます。また、遊びを通してさまざまな経験をすることは、子犬の社会化（p.50）にも役立ちます。

柴犬と遊ぶための基本のしつけ

「ダシテ」

おもちゃやボールで遊ぶとき、
くわえたものを離させる「ダシテ」も訓練しましょう。くわえているものとフードを交換するかたちで、離させる方法です。
最終的には「ダシテ」というコマンドだけで離すようになるまで、
繰り返し練習しましょう。

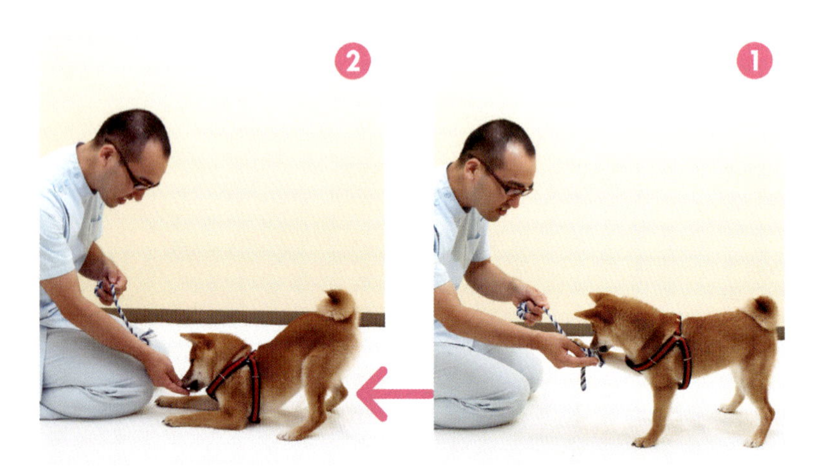

❶ 犬がくわえているおもちゃをつかみ、フードを見せて「ダシテ」と言う。

❷ フードに引かれて犬がくわえているものを離したら、「イイコ」とほめてフードを食べさせる。

❗ポイント

- ときどき犬に勝たせて、獲物を獲得した喜びを味わわせてあげよう。
- おもちゃは前後に引っ張るだけでなく、左右にも動かすなどランダムな動きで。
- 犬がだんだん興奮してきて、飼い主の手をかむこともあるので注意。興奮する前に中断すること。

おすすめの遊び方❶

引っ張りっこ

引っ張られると引っ張り返す、犬の走性（そうせい）という習性を利用した遊び。犬の狩猟本能を刺激し、獲得心を満たせます。

おもちゃを小刻みに動かしたり、犬の鼻先で見せたりして、くわえるように誘う。力を入れたり抜いたりしながら、おもちゃを引っ張る。

引っ張りっこ向きのおもちゃ

引っ張りっこに使うのは、犬がかんでも害にならないような素材のおもちゃを。犬がくわえやすく、飼い主が握りやすいものが向いている。

商品はすべてⒹ

おすすめの遊び方❷

宝探し

隠されたフードを、犬の鋭い嗅覚を使って探させる遊びです。嗅覚を使うことは犬の本能を刺激するだけでなく、集中力を養ったり、エネルギーを発散させたりする効果もあります。

❗ポイント

- ドライフードを直接マットの下に置いてもOK。ただ、コングに入れておいたほうが、見つけたあとでじっくり食べる楽しみも味わえる。
- ソファや棚の陰などに隠しても。

❶

マットの下に、フードを入れたコング（左ページ参照）を隠しておき、犬をマットの近くまで連れていき、「サガシテ」と言って探させる。

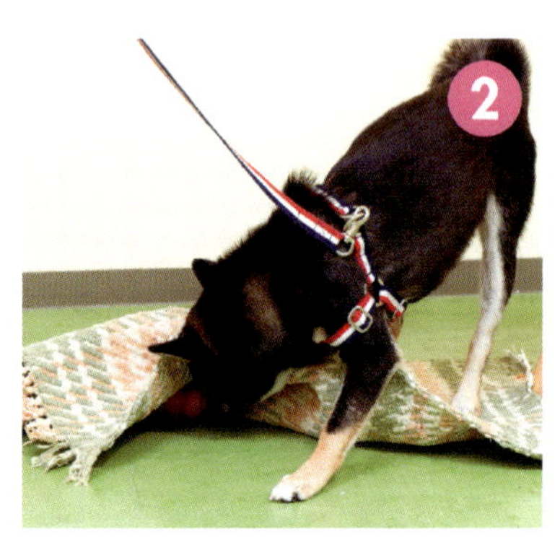

犬にマットの下を自由に探させる。コングを見つけ出したら、ほめてあげる。

獲得物＝コングに入ったフードを食べさせる。

動かしたり転がしたりすることでフードが出てくるので、犬は夢中でゴロゴロ、ガブガブ！

おすすめの遊び方❸

知育玩具を使った遊び

右ページでも使用している、中にフードを入れられる知育玩具「コング」は、フードを食べるために犬がかんだり転がしたりと、時間をかけて遊べます。何とか食べようとすることで、狩猟本能を刺激するだけでなく、集中力や自立心を養えます。

❗ポイント

飼い主がいないときにも、じっくり時間をかけて遊べるので、留守番中にさみしさをまぎらわせるのにも役立つ（p.46も参照）。

さまざまな知育玩具

フードを入れて遊ぶ玩具は、さまざまな形があります。素材ややわらかさも商品によって違い、フードの食べやすさも変わってくるので、いくつか用意しておくと犬が飽きません。

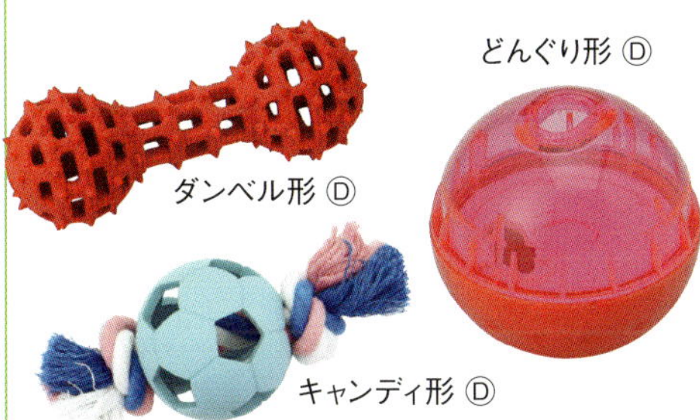

どんぐり形 Ⓓ

ダンベル形 Ⓓ

キャンディ形 Ⓓ

円盤形 Ⓡ

ラグビーボール形 Ⓓ

コングの使い方

●ドライフードを入れて

コングにあいた穴から、ドライフードを入れる。

●犬用ペーストを入れて

コングの内側にペーストを入れる。湯でふやかしたフードを塗りつけても。

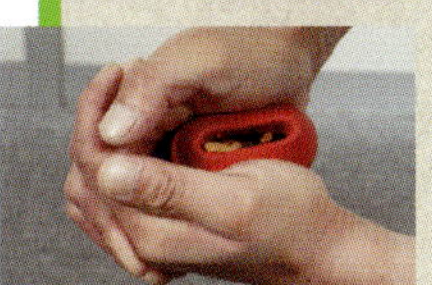

ペーストを入れてからドライフードを数粒加え、コングを押しつぶす。こうすることで、フードがペーストにくっつき、出にくくなる。

おすすめの遊び方④

ボール遊び

飼い主が投げたボールをとりに行き、持ってこさせる遊び。動くものをつかまえたい、という犬の本能を刺激し、満たせる遊びです。

屋外で

犬とアイコンタクトをとり、ボールを見せて興味を引き、犬が注目したらボールを投げる。

犬がボールをとりに行く間は、リードを離さないように注意を。犬がボールをくわえたら、「オイデ」(p.62) で呼び戻し、「ダシテ」(p.94) でボールを出させる。うまくボールを離したら、ほめながらごほうびを与える。離さないときは、ボールをもう1つ用意しておき犬に見せると、新しいボールがほしくて、くわえているボールを離す。

室内で

犬の目の前でボールを見せたり、転がしたりして興味を引く。

「ボールだよ」と言いながら、飼い主の手元から犬のほうへボールを転がす。子犬の場合、ボールのサイズによってはくわえられないこともあるが、ボールのにおいをかいだりなめたり、自由に遊ばせる。室内にスペースがあれば、軽く投げて遊んでも。

ボールいろいろ

ボールは布製やゴム製など素材もいろいろあり、サイズも子犬向きから成犬向きまであります。選ぶときは、犬がくわえやすそうな大きさのものを。また、弾力があるほうが、犬の歯を痛めません。

Ⓓ Ⓓ

おすすめの遊び方❺

ドッグランで運動

フェンスで囲まれたスペースで、犬をノーリードで遊ばせることができるのがドッグラン。思い切り走り回ったり体を動かしたりできるので、動くのが好きな柴犬は大喜びするでしょう。

ドッグランのマナー

❶排泄をすませておく

ドッグラン内でおしっこやうんちをして汚さないよう、前もって排泄をすませておく。もしドッグラン内で排泄をした場合、必ずすぐに始末を。

❷犬が出ないよう、出入りに注意

出入り口の扉はたいてい二重になっているので片方ずつ開け、両方開けたまま出入りしない。出入りのときは、犬のリードをしっかり持ったままで。

❸リードを離すのは、安全確認後

まずは、リードをつけたままドッグラン内を1周。気の合わない犬はいないか、扉はしっかり閉まっているか確認を。犬が落ち着いたら、リードを離そう。

❹犬から目を離さない

ドッグランでは、ちょっと目を離したすきにほかの犬とケンカをしたり、排泄をしてしまうことが。犬の動きは常に目で追い、トラブルが起こりそうなときはすぐ対応を。

❗ポイント

スムーズに遊べるよう、ドッグランデビュー前に「オイデ」(p.62)、「マテ」(p.64)などをしっかり身につけさせておきましょう。また、しつけができていない犬が来ることもあるので、トラブルにならないよう注意を忘れずに。

ほかの犬とのケンカが起こらないよう、しっかり見張っておく。

COLUMN

カフェデビューのためのトレーニング

犬OKのカフェでは、ほかのお客さんや犬がいても、騒がず過ごせなければいけません。そのためには、マットの上で「オスワリ」(p.60)や「フセ」(p.61)ができるようにしておくことが必要。なかなかできない犬もいますが、少しずつ慣らしていきましょう。マスターしてマットの上でじっとしていられるようになったら、カフェへGO！

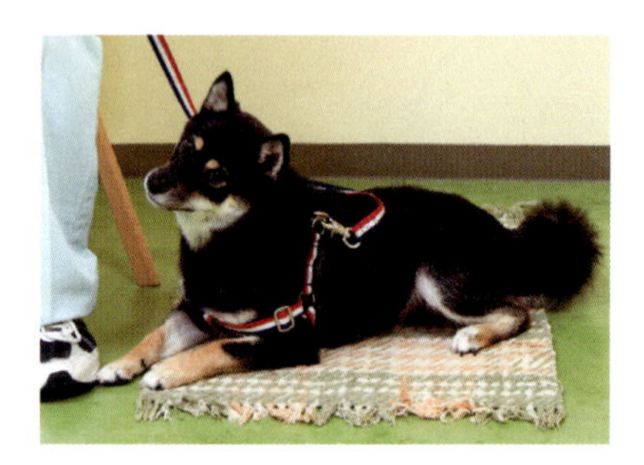

最初はマットの上に立つことから

まずは、犬がマットの上にのるようにすることから始める。フードでマットのほうに誘導し、マットにのったらほめ、フードを与える。

「オスワリ」の場合

再びフードを見せ、「オスワリ」と声をかける。

「オスワリ」ができたらほめ、フードを与える。

「フセ」の場合

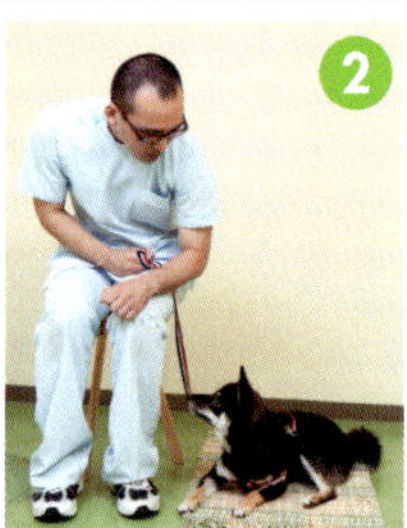

フードを持った手を床までだんだん下げていき、伏せたら「マット」と言う。

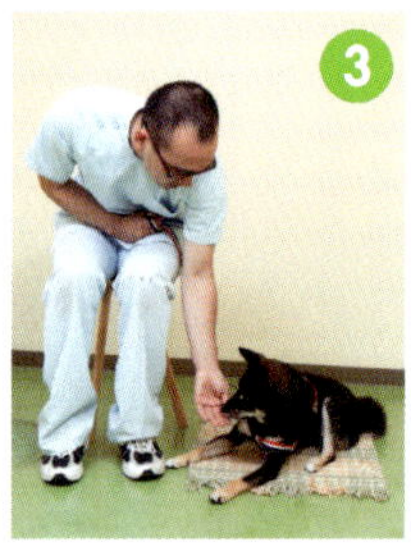

マットの上で「フセ」がキープできたら、ごほうびのフードを与える。

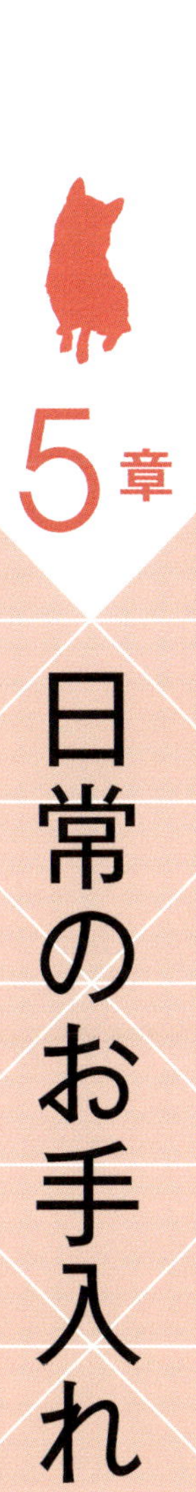

5章 日常のお手入れ

柴犬のお手入れ　これが基本！

皮膚病予防のためにもお手入れを習慣に

　短毛でカットも不要な柴犬。お手入れはそんなにしなくてもいいと思う飼い主もいます。

　でも、柴犬は皮膚が弱かったり、皮膚病が多かったりする犬種です。皮膚トラブルを防ぐためには、ブラッシングやシャンプーで抜け毛や汚れなどをとり除き、皮膚を清潔にすることがとても大切です。

　また、爪切りや耳、目、歯などのケアも、こまめにしたいもの。犬の体にふれることで全身チェックもでき、飼い主とのスキンシップもとれるお手入れを、日ごろの習慣にしてください。

日常のお手入れに必要なグッズ

ラバーブラシ

コーム

スリッカーブラシ

ハサミ

爪切り

歯ブラシ

ガーゼ

バリカン

歯ブラシはⓋ、ガーゼは私物、それ以外の商品はすべてⒹ

必要なお手入れ

1 ブラッシング

⇨ p.106〜107

抜け毛や汚れ、フケやノミなどをとり除きます。適度な刺激が血行をよくして皮膚の新陳代謝を促し、皮脂の分泌を高め、毛にツヤを与えます。

2 シャンプー＆ドライ

⇨ p.108〜113

抜け毛を洗い流し、汚れを落として毛を清潔にします。頻繁にしすぎると、皮脂を落としすぎて皮膚トラブルの原因にもなるので、注意が必要。

3 毛のカット

⇨ p.114

肉球の周囲の毛が伸びると、室内飼いの場合はフローリングの床で滑りやすくなります。肛門のまわりの毛には便がつきやすいので、伸びたらカットを。

4 爪切り

⇨ p.115

散歩の量などで、犬によって伸びるペースが違います。伸びすぎて歩きにくくなっていないか、肉球にくい込みそうになっていないか、こまめにチェックを。

5 歯みがき

⇨ p.116

食べ物のカスが残っていると、歯石がついて、歯肉炎など歯周病の原因に。子犬のころから慣らしておき、できれば日課にしたいものです。

6 目のまわりをふく

⇨ p.117

散歩のときに汚れやすいので、帰宅したらふいてあげましょう。その際、目の様子や目やにが出ていないかもチェックを。

7 耳そうじ

⇨ p.117

柴犬は立ち耳で短毛のため通気性がよく、垂れ耳犬種より耳トラブルは少なめ。でも、皮膚トラブルを起こしやすい犬種なので、アレルギー性皮膚炎からくる外耳炎には要注意。

8 散歩後のお手入れ

⇨ p.118

散歩に出ると、特に雨あがりでなくても手足や体は意外に汚れます。汚れを放置すると皮膚トラブルを起こしやすくなるので、帰宅後は汚れた箇所をふいてあげましょう。

柴犬の毛の特徴を知っておこう

柴犬の毛はダブルコート

柴犬の毛は、ダブルコートといって二重構造になっているのが特徴です。外側にオーバーコート（上毛）と呼ばれる長めでかたい毛、内側にアンダーコート（下毛）と呼ばれる短めでやわらかい毛が生えています。柴犬は、四季によって寒暖の差がある日本で生息してきたので、体温を調節するため毛がこうした構造になったと考えられます。この毛は、水分をはじいたり、肌の乾燥や病原体の侵入を防ぐのにも役立ってくれます。

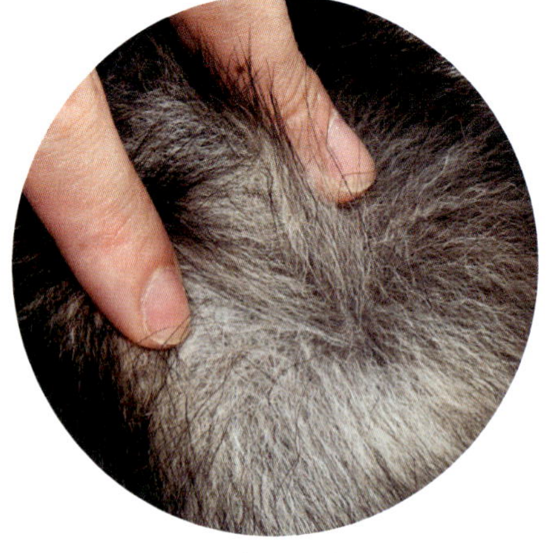

白く見える毛がアンダーコート、黒い毛がオーバーコート。

コームの使い方

力が入りすぎないよう、軽く持つ。

力が入りすぎるので、柄を握るのは×

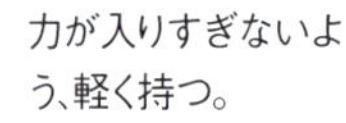

ノミとりは、コームを使って

細かい目のコームを使い、狭い範囲をアンダーコートの毛が見えるまで指で持ち上げてノミを探す。ノミは動きがすばやいので、ブラシを速く動かすのが見つけるコツ。

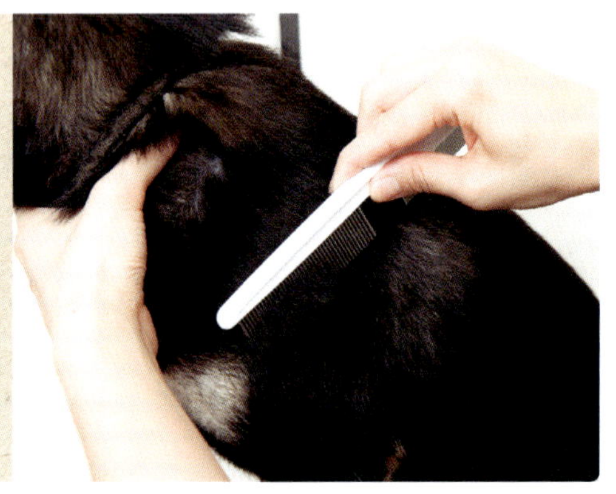

毎年やってくる換毛期

ダブルコートになっていてたっぷり生えている柴犬の毛は、どんどん抜けかわります。犬によって多少の違いはありますが、抜け毛が多くなるのは、たいてい春と秋の年2回。特に、春から夏には最も毛がたくさん抜けます。

抜ける毛の多くは、内側のアンダーコートです。抜けたアンダーコートは、上にオーバーコートがあるため落ちずに残ってしまいがち。そのままにしておくと、ダニやノミがついたりにおいのもとになるなど、皮膚トラブルの原因になりやすいので、換毛期は毎日ブラッシングする必要があります。

換毛期の毛の状態

換毛期には、ラバーブラシでお手入れ

換毛期のブラッシングには、ラバーブラシを使うと効果的。毛が抜けやすいよう目が細かい面を使って、毛をかき分けながらていねいに全身にブラシをかける。

足▶スリッカーブラシでもラバーブラシでも、使いやすいほうでOK。ここでは面の広いスリッカーブラシを使用。毛をかき分けて、根元からブラッシングする。

ブラッシング

皮膚を清潔にし、毛のツヤをよくするためのお手入れの基本。散歩から帰ったあとなど、換毛期は毎日、ふだんは週に1回を目安にブラッシングを。部位や毛の厚みによって、スリッカーブラシやラバーブラシを使い分けると効果的です。

ブラッシンググッズ

スリッカーブラシの使い方

力が入りすぎないよう、軽く持つ。

力が入りすぎるので、柄を握るのは×

先端が皮膚にささらないよう、毛並みと平行にして、手前に引くようにブラッシング。

皮膚に対して斜めにすると、先端がささって皮膚を傷つけることが。ブラシの向きも、毛並みに対して直角ではなく平行に。

ラバーブラシ

抜け毛をとり除くとともに、マッサージ効果もあり。スリッカーブラシがうまく使えない場合は、使いやすいラバーブラシのみのブラッシングでもOK。

スリッカーブラシ

毛足が長めの場所に使用。肌を傷つけやすいため、左の使い方を参考に、正しい持ち方・ブラッシングの仕方を。

コーム

粗い目は細かな毛をとかし、細かい目はノミとりなどに。粗い目と細かい目の両方が一本になったものが、使いやすくておすすめ。

首〜顔▶毛が厚く抜け毛の多い首は、ラバーブラシで。あごを軽く持ち上げるようにしてやさしくブラシをかける。

背中▶背中は範囲が広いので、スリッカーブラシを使って。首の下あたりからていねいにブラッシングする。

ポイント

背中は毛が長めなので、根元からアンダーコートをとかすようにする。

おなか▶背中からぐるっと一周するように、スリッカーブラシでおなかをブラッシング。

しっぽ▶しっぽは嫌がる犬が多いので、できれば最後にするのがおすすめ。

シャンプー

柴犬は短毛なので、皮膚に問題がなければ、よほど汚れたとき以外、全身のシャンプーは月に1回程度で大丈夫です。シャンプーは、犬専用のものを用意しましょう。皮膚の弱い柴犬も多いので、一度使ってかゆがったり皮膚が赤くなるようなら、肌に合った低刺激性のものにかえて。リンスやコンディショナーが別にある製品の場合は、犬の肌に合っているなら、使用を。また、リンスがシャンプーに含まれたリンス・イン・シャンプーもあるので、それを使用しても。シャンプーをする前には、よくブラッシングしておきます。

洗う

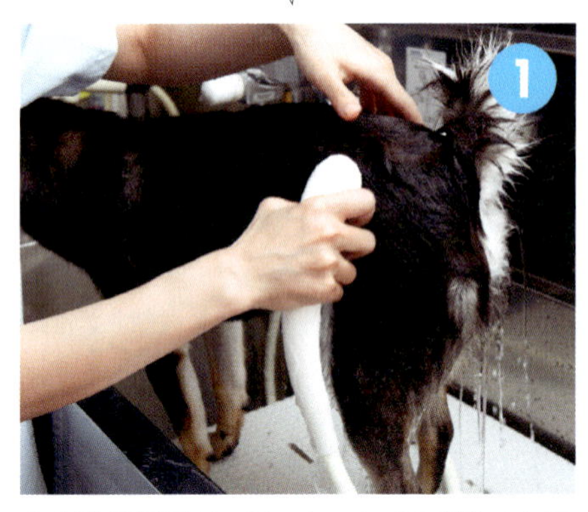

体を洗う順番は、顔からいちばん離れたほうから。30〜35度くらいのぬるま湯をシャワーでかけ、一気に体をぬらしていく。湯が飛び散らないよう、水流は弱めで、シャワーヘッドをできるだけ犬の体に近づけるのがコツ。このときに、肛門腺しぼり(p.110)も行う。

最後に頭や顔をぬらす。耳の中に水が入らないよう指で押さえるか、コットンなどで耳せんを。顔にシャワーがかかるのを嫌がる犬の場合は、水を含ませたスポンジを使ってぬらしてあげて。

シャンプーは、皮膚に直接かけると刺激になったり、付着する部分が偏ってしまうことが。あらかじめ洗面器にシャンプーを出し、お湯を入れて泡立てておく。

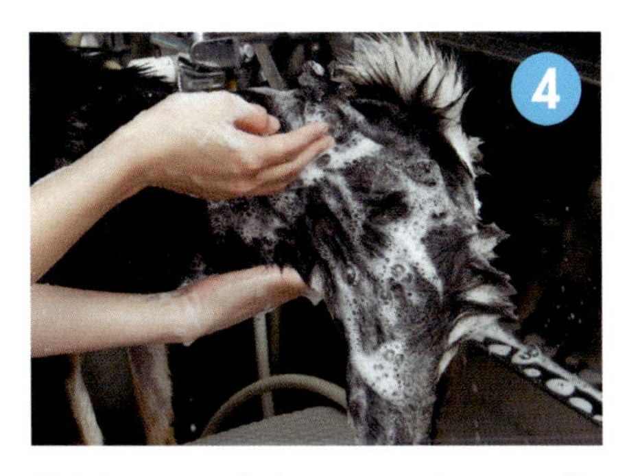

下半身▶シャンプーもおしりのほうから。まず、後ろ足→しっぽ→下半身の順で、シャンプーの泡をかけていく。

背中▶指を毛並みに沿って動かしながら、上から下へ、下半身から背中・おなかへと指の腹を使って洗っていく。

おなか・胸▶背中からぐるっと一周するように、胸やおなかを洗う。この部分は毛が薄いので、特に爪を立てないように注意！

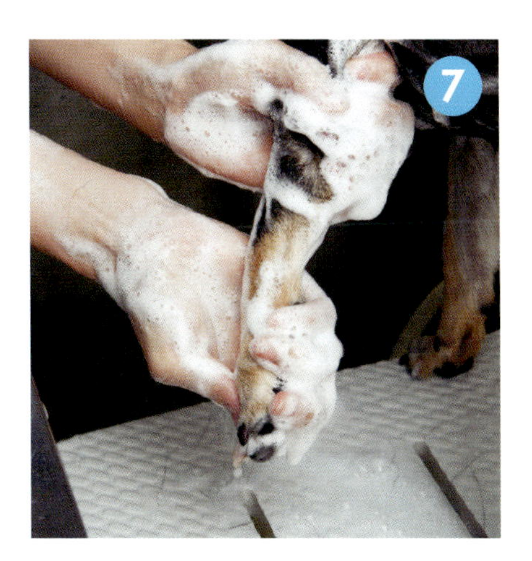

前足▶肉球や指の間などもていねいに洗う。

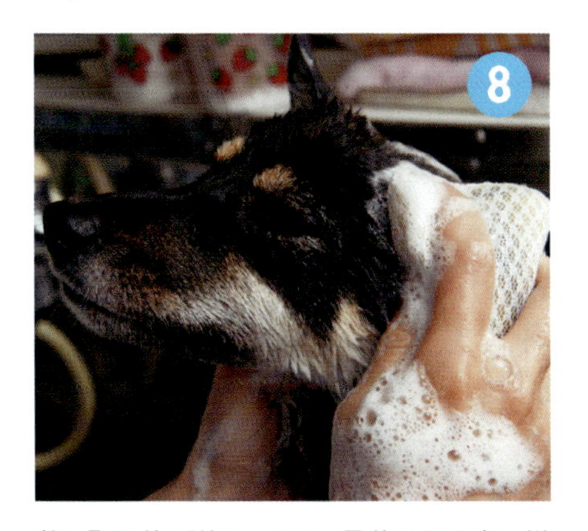

首～頭▶体が終わったら、最後は頭や顔。嫌がる犬の場合、スポンジにシャンプー液をつけて洗っても。このときも、シャンプーの泡が目・耳に入らないよう気をつけて。

流す

頭～顔▶流すときは、泡や汚れが落ちるよう上から下、頭から足への順。顔を流すときは、特に水流を弱めにし、シャワーヘッドをなるべく犬に近づけて、鼻や耳に水が入らないよう流す。嫌がるなら、スポンジに水を含ませて流しても。

上半身▶前足を含めた上半身を流す。毛の厚いところは、手で毛をかき分けるようにしてアンダーコートの中までよく洗い流す。

下半身▶後ろ足、しっぽも含めた下半身を流す。内股など入り組んだ部分やシャンプー液が残りやすいしっぽのつけ根にもシャワーヘッドをなるべく近づけ、シャンプーの泡が残らないようしっかり流す。

シャンプーのとき「肛門腺しぼり」も忘れずに

犬のおしりには「肛門腺」と呼ばれる分泌器官があり、ここから出た分泌液が「肛門嚢」にたまると、かゆみや炎症の原因に。シャンプー前の体をぬらす際に、ここをしぼっておきます。肛門を時計に見立てた場合、4時と8時の位置をつまんでこすり上げて。くさくて茶色っぽい分泌物が飛び出したら、すぐ流しましょう。

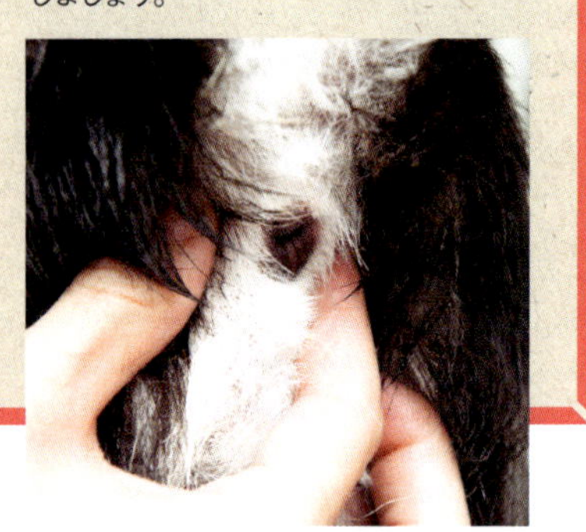

部分洗い

全身のシャンプーは月に1回程度でいいのですが、散歩などで体の一部が汚れたときは、汚れをそのままにすると皮膚トラブルを起こすことがあります。ぬれタオルなどを使い、早めに汚れを落としておきましょう。

顔

食べカスがついたり、草むらに顔を突っ込むなどして、汚れやすい場所。ぬるま湯につけて軽くしぼったスポンジを使い、特に口まわりやあごなどをきれいに。犬が嫌がらなければ、シャワーでさっと流してもOK。

おしり

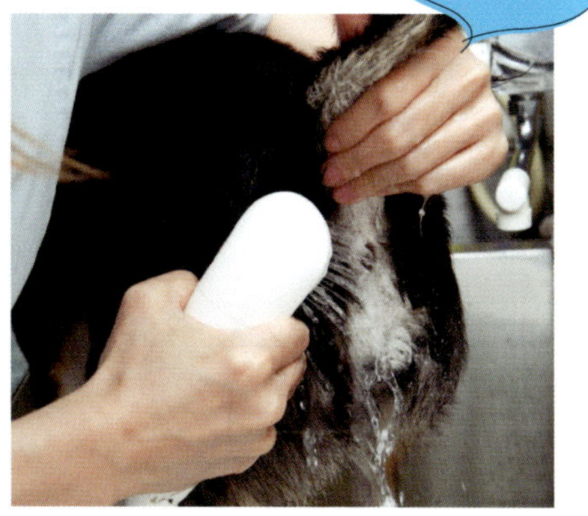

便がつくなどして汚れた場合は、シャワーで流すのがラク。ぬるま湯で流してから、よくふいてあげて。

足

いちばん汚れやすい足は、バケツにぬるま湯を入れて流してもいいし、シャワーでさっと流しても。

ドライ

柴犬の毛は短いのですが、ダブルコート（p.104 参照）になっているため、内側のアンダーコート（下毛）が乾きにくい特徴があります。しっかり乾かさないと、くさくなったり皮膚病の原因になることも。シャンプーのあとは、まず犬がブルブルッと体を震わせ水を吹き飛ばすので、そのあとでドライを始め、よく乾かしましょう。

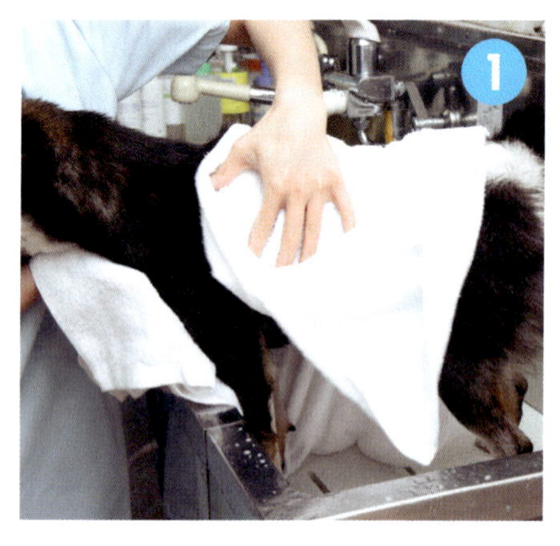

犬が体を震わせ水を吹き飛ばしたあとに、バスタオルで全身を包み込んでポンポンと軽くたたくようにして、ざっと水気をふきとる。ゴシゴシこすらないこと。

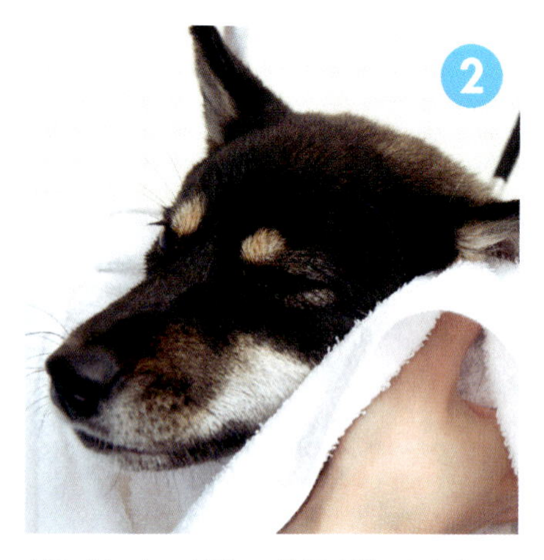

ドライは、上から下へ。最初は顔からタオルでふいていく。指にタオルをかぶせて耳の入り口付近の水分もふきとる。

首から胸、背中の水分をとる。毛を逆立てず、もみ込むようにして、アンダーコートの水分もていねいにふきとって。毛を逆立てると皮膚が傷ついてしまうので、注意を。

背中から内股をふいたら、前足と後ろ足。こすらず、タオルで包み込むように水分をとろう。

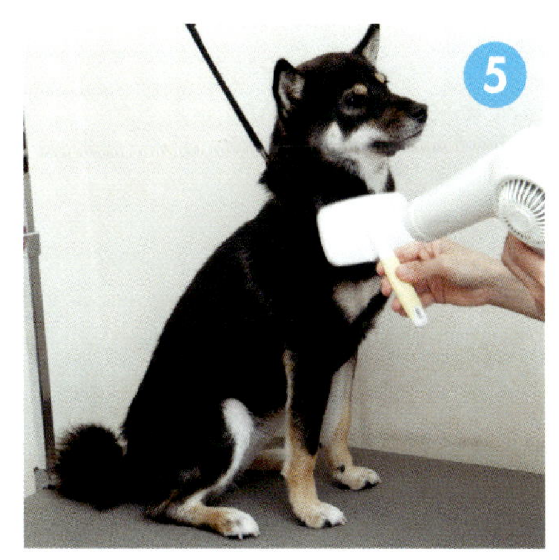

ドライヤーとスリッカーブラシを使って、仕上げのドライ。ドライヤーは、温風なら低めの設定で。気温が高い季節なら、冷風でOK。風力は強すぎないように注意。

両手が使いたい場合は、胸元にドライヤーを差し込んで乾かす裏ワザも。

内側のアンダーコートまでしっかり乾くよう、ドライヤーの風があたっている場所からスリッカーブラシを毛の流れに沿って動かし、じっくり乾かす。

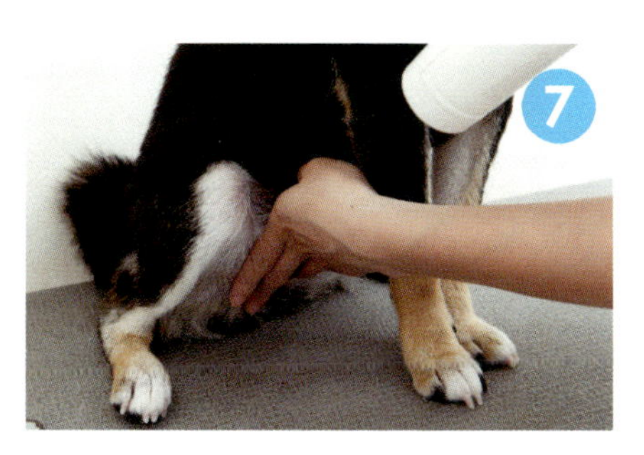

内股などブラシをあてにくい部分は、犬をすわらせ、ドライヤーをあてて毛並みに沿って乾かす。終わったら、もう一度全身をさわり、生乾きの場所がないかチェックを。

でき上がり!

毛のカット

犬によっても毛の長さや伸び方は違いますが、短毛の柴犬は、必要なければカットはしなくても。ただし、肉球のまわりは短くしておいたほうがフローリングで滑りにくく、肛門のまわりも、便がつかないようカットしておいたほうが清潔です。

足の裏の毛のカット

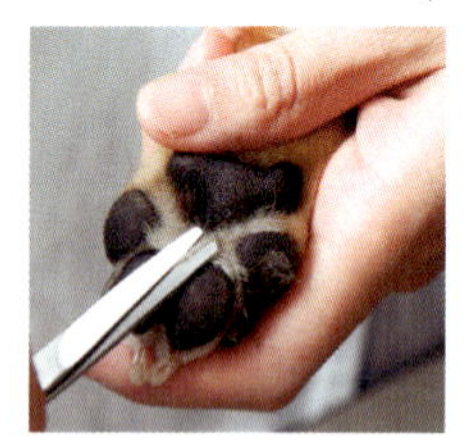

肉球のまわりをハサミでカット。肉球と肉球の間の入り組んだところは、ハサミの先端を使って、皮膚を傷つけないよう気をつけながら切る。

肉球と肉球の間を指で広げ、外にはみ出した毛をバリカンで切ってそろえても。

肛門まわりの毛のカット

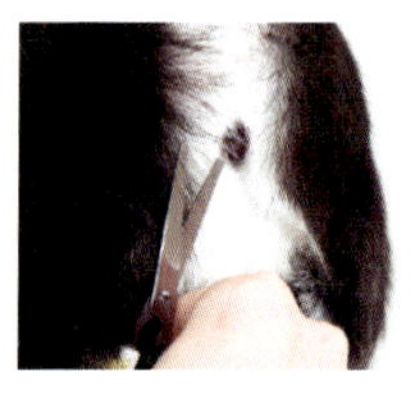

おしりの長く伸びた毛は、ハサミを使って切る。

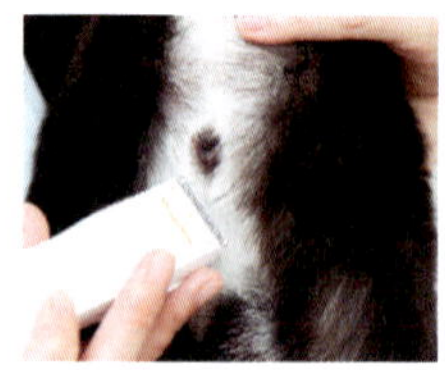

バリカンを使ってカットしてもOK。

カットグッズ

ハサミ

長く伸びた毛や、細かい部分を切るのに便利。

バリカン

背中やおなかなど、平面部分を均等にカットしていくときに使う。音をこわがる犬には無理に使わないこと（ハサミだけ使用）。

顔と耳は、無理にカットしなくても

顔まわりの毛をこまめにカットする必要がある犬種もありますが、柴犬の顔や耳の毛は一定の長さ以上伸びないので、基本的にカットしなくても大丈夫です。もし顔まわりの毛が部分的に長くなってしまってカットが必要なら、ハサミの先が犬の目に入ったり、皮膚を切らないよう注意しながら切りましょう。犬が動いて危険なときは、トリミングサロンで切ってもらうと安心です。

爪切り

爪が伸びすぎると、歩きにくくなったり、爪が内側にカーブして肉球にくい込んでしまうことがあります。外を歩く量によっては自然に爪が削れることもあり、カットの間隔には個体差がありますが、定期的に爪のチェックをして、伸びていれば切ってあげましょう。

犬が動かないよう体をかかえる。爪をカットする指を親指と人さし指ではさんで、しっかりつまんで切る。2人いるときは、1人が犬の体を支え、もう1人がカットする。爪には神経と血管が通っているので、そこを切らないよう注意。

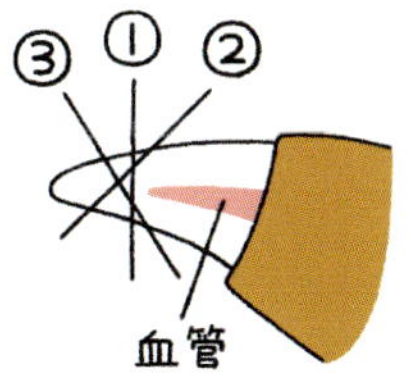

①最初に血管の手前をまっすぐに切る。②③左右のとがった部分を落とすように切り、自然な形に整える。

狼爪も忘れずカット

狼爪（ろうそう）とは、犬の足の内側の少し上のほうについている爪のこと。歩くとき地面につかないので、ほかの爪より伸びやすいのです。伸びすぎると、カーペットなどにひっかけてけがをすることもあるので、爪切りをするときここの爪も忘れずに切りましょう。切り方は、ほかの爪と同じです。

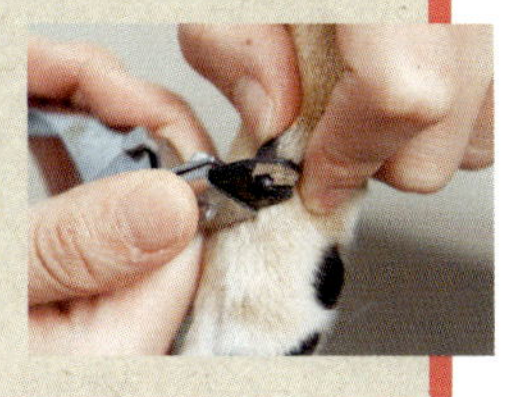

爪切りグッズ

爪切りにもいろいろな形があるので、使いやすいものを選んで。爪がしっかりしている柴犬には、右のタイプのほうが使いやすい。

爪切りの刃が自分側になるように持つ。前後逆に持ってしまうと、深爪をしやすいので要注意！

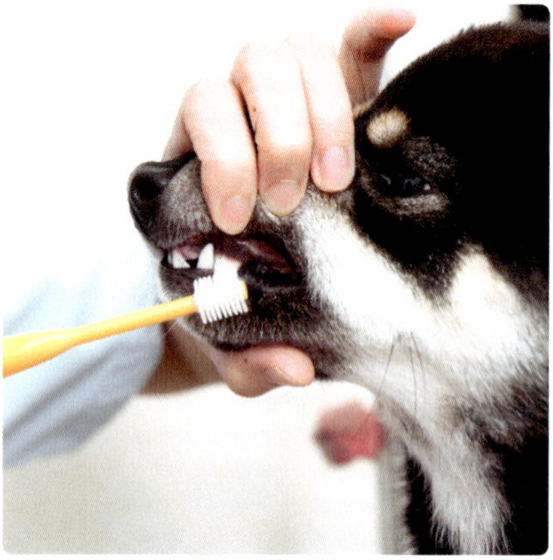

指で犬のくちびるをめくるようにして歯を出し、手早くみがく。

歯ブラシを嫌がる場合は、歯みがきシートや、ぬらしたガーゼやタオルを指先に巻きつけ、歯を1本ずつふく。

歯みがき

口内トラブルの予防のため、室内飼い・外飼いにかかわらず、1日1回は歯みがきをする習慣をつけたいものです。歯ブラシや歯みがきシート、ぬらしたガーゼなどを使って汚れを落としましょう。口を開けない・口の中や口まわりをさわると嫌がるなどの場合は、歯みがき効果のあるおもちゃを与えても。そうならないためには、子犬時代から口を開ける練習（p.39）をしておくといいですね。

歯・口腔内の病気はp.152をチェック

歯みがきグッズ

歯ブラシ

先端が360度ブラシになっていて、犬の歯にあて、軽くブラッシングするだけで歯垢を落とせる。Ⓥ

液体歯みがき

犬の口内に2～3回直接プッシュするか、ガーゼに染み込ませて歯をふく。歯みがきを嫌がる犬には、飲み水に垂らす方法でもOK。シグワン ハミガキサプリⓋ

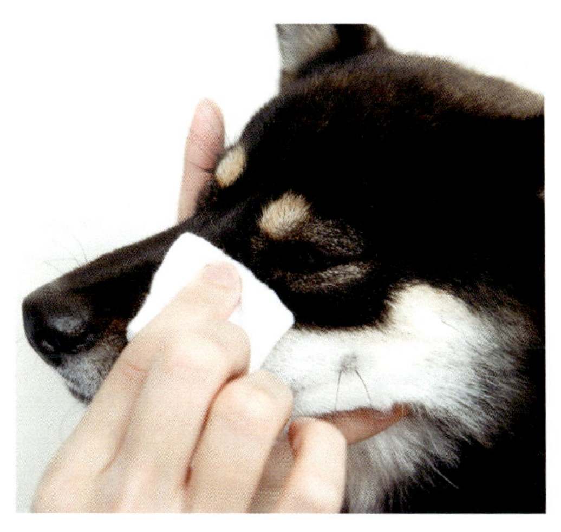

あごに手を添えるようにして顔を固定し、水でしぼったタオルやガーゼ、コットンなどで、目頭から目じりに向かってやさしくふく。目やにが頻繁に出る場合は病気の可能性もあるので、病院で診てもらうこと。目やにはさわらないようにして、ふいたコットンは捨てる。

目のまわりをふく

健康なら、目のまわりが汚れることは少ない柴犬ですが、草むらに顔を突っ込んだりして散歩中などに汚れることもあります。散歩から戻ったら、目の異常のチェックを兼ねて、汚れていないか見てあげましょう。

目の病気はp.150～151をチェック

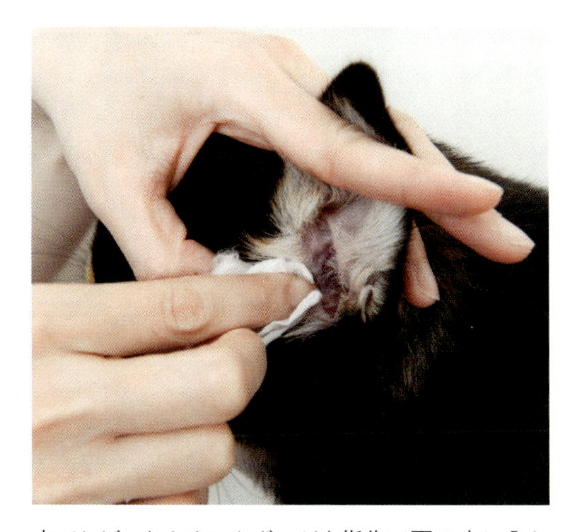

水でしぼったタオルやガーゼを指先で耳の中に入れるようにして、耳の入り口周辺をふく。シャンプー後に水分をとるついでにふいても。綿棒を使うと、耳の奥まで入れすぎて傷つけることがあるので、使う場合は、耳の入り口の汚れをふきとる程度にすること。

耳そうじ

皮膚トラブルの多い柴犬は、アレルギー性皮膚炎（p.146）から外耳炎を起こすケースもよく見られます。シャンプーのときだけでなく定期的に耳そうじをするとともに、トラブルがないかチェックを欠かさないようにしましょう。

耳の病気はp.152をチェック

散歩後のお手入れ

雨あがりなどに散歩に行くと、足元を中心に手足や体が汚れてしまいます。ふだんの散歩のあとも、汚れていないようでも、ほこりなどがついているもの。皮膚トラブル予防のためにも、きれいにしておきましょう。汚れがひどい場合は、部分洗い(p.111)を。

足をふく

外出でいちばん汚れるのが、足。ぬれタオルで包み込むようにして、しっかりふいて。足裏をけがしていないかチェックしながら、肉球の周囲も忘れずふくこと。

肛門のまわりをふく

外で排便した場合は、肛門の周囲の毛が汚れていることも。ぬれティッシュやタオルなどで、きれいに。

グルーミングやシャンプーを嫌がるときは？

グルーミングやシャンプーを無理にされたことがあるか、痛かった、こわかったなど、嫌な思いをしたことがあると、それ以降、嫌がるようになることがあります。

無理強いすると、犬はさらに嫌がって抵抗するようになります。好きなおやつを与え、食べることに夢中で気づかないうちに、さっとすませてあげましょう。もし気づいたとしても、グルーミングやシャンプーのときには、おやつがもらえるなどのいいことがあると犬は学習します。それでも嫌がる場合は、家でするのはやめましょう。無理にすると、飼い主との関係が壊れてしまうことがあるので、トリマーさんや病院にまかせたほうがいいのです。

6章

柴犬の健康をつくる食事

柴犬の食事 まず知っておきたい常識

人間の食事は犬には害になるものも

人と犬とでは必要な栄養素のバランスが違い、消化機能も違います。犬が食べると消化不良や中毒などを起こす食品もあるため（下の囲み参照）、人間が食べているものをあげないようにしましょう。

少しでも食べさせてしまうと、味を覚えてほしがるようになってしまいます。そのため、ドッグフードを食べなくなる場合も。犬の食事には、品質のいいドッグフードを与えることが鉄則です（ドッグフードの選び方・与え方についてはp.122〜127参照）。

犬に食べさせてはいけないもの

❶食べると中毒を起こすもの

□**ネギ類**
（タマネギ、長ネギ、ニラなど）
⇒赤血球を壊す成分が含まれるため、貧血や血尿などを引き起こす。煮汁が入っているものも避ける。

□**チョコレートなどのカカオ類**
⇒下痢、嘔吐、異常な興奮、けいれんなどを引き起こす。コーヒーなどカフェインを含むものもダメ。

□**ブドウ、レーズン**
⇒下痢、嘔吐、元気消失、腎不全を引き起こす。

□**毒性の植物**
（スイセン、スズラン、シクラメン、ポインセチア、キョウチクトウ、ニンニクなど）
⇒中毒症状を起こすので、犬が口に入れないように注意する。

❷食べると下痢などの原因になるもの

□**エビ、カニ、イカ、タコ、貝類、人間用の牛乳、きのこ類、こんにゃく、アボカド、生肉など**
⇒消化不良を起こしやすいのであげないほうがよい。生肉には細菌が潜んでいる可能性が。

❸食べすぎると体によくないもの

□**人間用に味つけされたもの**
（砂糖や塩、調味料など）

□**糖分が多いもの**
（ケーキ、菓子など）

□**塩分が多いもの**
（ハム、ソーセージ、菓子など）

□**油分が多いもの**
（ベーコン、ハムなど）

□**牛肉、牛レバー**
⇒ドッグフード（総合栄養食）は塩分濃度0.25%であるのに対しハムは1.1%。与え続けると犬の体に負担になる。糖分や油分の多い食品も肥満のもと。

食事の常識Q&A

Q 手作りごはんはあげてもOK？

A 犬は雑食のため、人間の食べ物をあげれば何でも食べてしまいます。以前は、家族の残飯を犬にあげる人もいましたが、犬にとっては塩分、糖分、油分などが多すぎるため栄養的に問題があります。

また、愛犬に安全なおいしい食事をあげたいと、手作りごはんをあげる人もいます。しかし、専門の知識がないと、手作りごはんだけでバランスよく栄養を摂取するのは、むずかしいでしょう。

病気になると療法食のフードを与えなければならない場合もあるため、はじめからドッグフードを食べさせ、慣れさせておくことが重要です。

どうしても手作りごはんをあげたいなら、ふだんはドッグフードをあげ、たまに食べさせる程度に。手作りするときは、犬が食べてはいけないものに気をつけ、食材は加熱すること、味つけはしないことがポイントです。

Q おやつはあげてもいいの？

A 犬におやつは本来あげなくてもよいのですが、飼い主とのコミュニケーションやしつけをするときには便利です。ただし、食べさせるのは犬用のおやつに限り、与えすぎには注意。おやつも食事の一部と考えて量を調整しましょう。1日の合計カロリー量から、おやつのカロリーの分だけフードを減らすようにします。おやつは主食の2割以内（カロリー）が基本です。

特に好きなおやつはいつもあげるのではなく、しつけのときや犬が嫌がる注射や爪切りなどのときに使うと効果的です。

目的別／形態別ドッグフードの選び方

栄養バランスのとれた主食「総合栄養食」

ドッグフードはさまざまな商品がありますが、目的別には、大きく3つに分類できます。

まず、必要な栄養がバランスよくとれ、主食になるのが「総合栄養食」。規定の量を水とともに与えることで、健康維持・成長に必要な栄養が過不足なく摂取できます。年齢に合わせた種類があるので、成長とともに切り替えを。

生後半年は目覚ましい成長期。この時期は、栄養価の高いフードを食べさせます（ほかの分類のフードはp.123～124）。

パピー
生後12カ月までの幼犬、母犬用

アダルト
1～6才ごろの成犬用

ライト
肥満傾向の成犬用

シニア
7才以上のシニア犬用

◀ウェットタイプの総合栄養食も

p.122～123の商品はいずれも(N)

主食以外の目的で作られたフード

副食として与えられるものや、栄養管理や食事療法など限定された目的で与えられるものが主です。副食となるフードは「一般食」と表記されることが多く、これは人間でいうと「おかず」にあたるもの。人間も、おかずだけでなく米や野菜などをいっしょに食べないと栄養バランスがとれませんが、同じように、犬も一般食のフードだけでは栄養が偏ってしまいます。一般食はあくまで副食としてや、総合栄養食のトッピングなどとして利用するといいでしょう。

また、病気の犬の食事管理を目的とした「特別療法食」、特定の栄養成分の調節やカロリーを補給するための「栄養補完食」は、獣医師の指示のもとで与えましょう。

回復期の
栄養管理用フード

皮膚症状の
食事療法用フード

ドッグフードの検査機関には主に、アメリカの「AAFCO（米国飼料検査官協会）」、日本の「ペットフード公正取引協議会」があります。これらの栄養基準をクリアしたフードは、パッケージにその旨が表記されています。

- □目的（「成犬用総合栄養食」など）
- □内容量
- □給与方法（給与量の目安）
- □賞味期限
- □成分表示
- □原材料
- □原産国　など

総合栄養食【ドッグフード】
この商品は、ペットフード公正取引協議会の承認する給与試験の結果、幼犬、妊娠・授乳期の母犬用の総合栄養食であることが証明されています。
AAFCO（米国飼料検査官協会）の幼犬用、妊娠・授乳期の母犬用給与基準をクリア

※ペットフード公正取引協議会による分類。

たまのごほうびやしつけには、間食（おやつ・トリーツ）

総合栄養食以外のいわゆる「おやつ」には、ガム、ビスケット、ジャーキーなど、さまざまなタイプがあります。与えすぎると肥満につながるので、ごほうびとしてなど、特別な場合だけにしておきましょう。体重管理など、特別療法用のおやつもあります。

おやつを与えたら、食事はおやつの分を減らした量を与えます。また、おやつの量自体は、1日の食事量の20％以内になるようにします。

特別療法用のおやつ

体重管理用

食物アレルギーや皮膚炎用

2点ともⓃ

ビスケットタイプ

骨型ガム ミルク味 Mサイズ 3本

3点ともⒾ

生後4週ごろから、やわらかい離乳食をスタート

生後4週目を過ぎたころから、母犬の母乳や犬用ミルク以外の離乳食を与えて、だんだん食べることに慣らしていきます。離乳食はかなりやわらかめにする必要があるので、子犬用のフードにぬるま湯を加えて固さを調節して与えます。最初は、やわらかくしたフードから始め、徐々に水分を減らして固形に近づけます。6週目ごろに離乳させたら、固形のフードに切り替えましょう。

離乳食の作り方

右の比率で混ぜる。

ドライフード（細かく砕く）

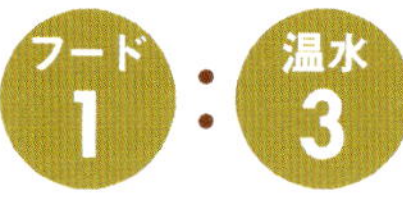

ウェットフード

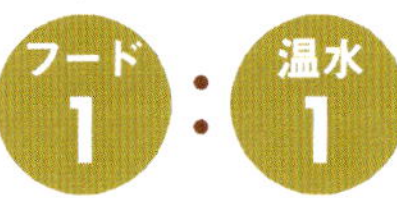

ドライ〜ウェットまで、水分量の違う3タイプがある

ドッグフードは水分の含有量によって、ドライ、セミモイスト(半生)、ウェットに分けられます。

ドライフードは栄養バランスにすぐれたものが多く、保存性・衛生面からも扱いやすいのが特徴です。歯石がつきにくいメリットも。総合栄養食の多くも、このタイプ。

ドライフードよりも水分が多めのウェット／セミモイストタイプのドッグフードは嗜好性が高く、食感や味がいいため、犬が好みがちです。ただ、総合栄養食ではないものも多く、それらは日々の主食にはできません。

水分量の違いによる分類

ドライ・ソフトドライタイプ

水分量
10〜35%程度
(カリカリ)

セミモイストタイプ

水分量
25〜35%程度
(半生)

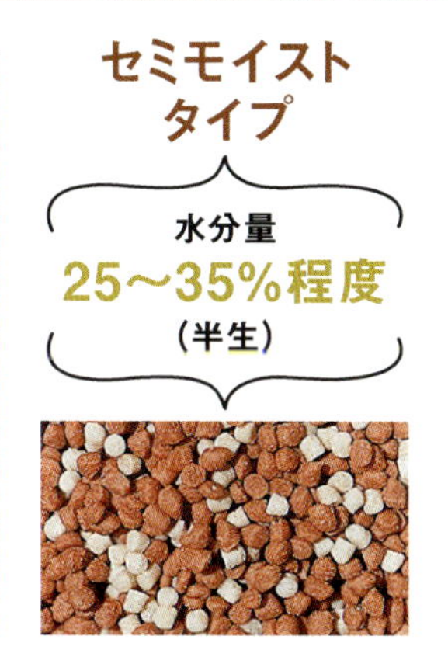

ウェットタイプ

水分量
80%程度
(缶詰、パウチなど)

Q ウェットフードしか食べないけれど、ドライフードに切り替えるべき？

A 犬が好まないなら、無理に切り替えなくてOK

犬によってはフードに好みがあって、ウェットまたはドライのどちらかしか食べないというケースもよくあります。でも、市販のドッグフードは、パッケージに「総合栄養食」と表示されているものなら、ウェットタイプでもドライタイプでも、栄養価に変わりはありません。犬がウェットフードしか食べないなら、無理にドライフードに切り替えなくてもいいのです。ただ、子犬のうちからどちらのタイプも食べられるようにしておくと、緊急時にどこかに預けたり避難することになったようなときに、フードに困らないですみます。

食事の回数・量のルール

食事の回数は成長につれて減らす

子犬は消化器官が未発達で、一度に多くの量が食べられないため、食事を1日数回に分けて食べさせます。食事を食べない時間が長いと、子犬は低血糖を起こしやすいので注意しましょう。

家に来たばかりの子犬（生後2カ月くらい）には1日4～5回に分けて与え、成長に合わせて回数を減らしていきます（下表参照）。生後10～11カ月くらいになったら、高カロリーの子犬用フードから成犬用フードに切り替え、回数は1日2回、朝晩に食べさせるようにします。

2カ月育ちざかり！

月齢と食事回数の目安

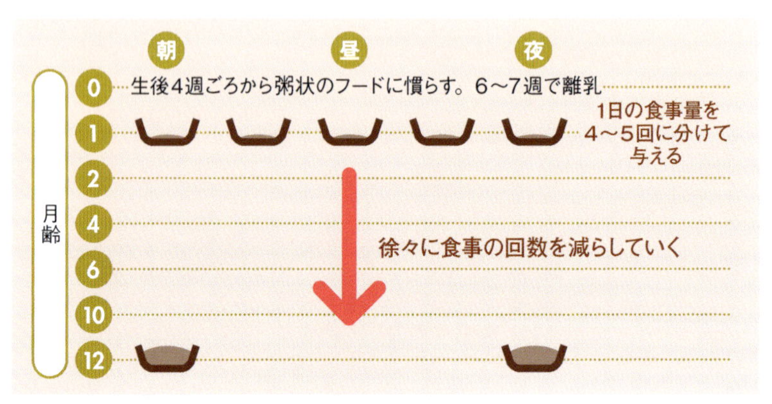

出典　日本ヒルズ・コルゲート株式会社ホームページ

フードの量は年齢と体重をもとに算出

1日のフード量は、年齢（月齢）、理想の体重をもとに決めます。フードのパッケージに表示されている規定量が目安になります。基礎代謝量による個体差もあるため、栄養状態や体重の増え方を見て調整しましょう。

目安量を与えても、すぐに食べ終わって皿をなめているようなときは量が足りていません。その場合、次の食事は1割だけ量を増やし、様子を見ましょう。急に増やすと消化不良を起こして下痢をするので、1食ごとに少しずつ増減するのがポイントです。

3カ月ごろまではぐんぐん体重が増えていきますが、4〜5カ月を過ぎると成長も徐々にゆるやかになります。10〜11カ月ごろには体格がほぼでき上がるので、これ以降の体重の増加は注意が必要です。肥満にならないよう、食事量のコントロールが大切です。

1才
体がほぼ
完成

給与量の目安（1日あたりのg）

200ccのカップ1杯で、幼犬用フードは約90g、成犬用フードは約85g。

幼犬

体重	1kg	2kg	3kg	4kg	5kg
量 〜4カ月未満	55	95	125	155	185
量 4〜9カ月	45	80	105	130	155
量 10〜12カ月	40	65	85	105	125

成犬

体重	1kg	2kg	3kg	4kg	5kg	6kg	8kg	10kg	15kg
量	30	50	70	85	100	115	145	170	230

※幼犬はサイエンス・ダイエット パピー、成犬はサイエンス・ダイエット アダルトを与える場合。

COLUMN

多頭飼いしたいときは

柴犬は自立心に富み、警戒心も強いため、多頭飼いにはあまり向かないといわれます。とはいえ、相手によってはうまくいく場合も。多頭飼いをするなら、柴犬同士か、柴犬と他犬種かにかかわらず、とにかく相性が大切です。相性が悪いと、ケンカばかりしていたり、ストレスによる問題行動を起こしたりすることもあります。場合によっては別々の部屋で飼う、ほかの飼い主を探す、といったことまで考えておくことが、多頭飼いをする際には必要です。

多頭飼いする場合の相性

一般的な相性のよし悪しを知っておきましょう。
ただし、柴犬の性格にもよるので、あくまでも目安と考えて。

相性	組み合わせ	理由
○	**柴犬幼犬×柴犬幼犬**	柴犬同士に限らず、警戒心が少ないもの同士でいっしょに遊べる。
○	**柴犬成犬×柴犬幼犬**	どちらかが他犬種でも◎。成犬が親がわりになることも。
△	**柴犬成犬×他犬種の成犬**	ナーバスなタイプが多い柴犬同士より、他犬種とのほうがうまくいきやすい。
△	**柴犬オス×柴犬メス**	争いは起こりにくいが、子犬を望まない場合は去勢や不妊手術を。
×	**柴犬オス×柴犬オス**	柴犬同士に限らず、縄張り意識が強いオス同士だとケンカが起こる可能性大。
×	**柴犬シニア×柴犬子犬**	子犬の動きやかかわり方、鳴き声が、シニア犬のストレスになりがち。
×	**柴犬×小動物**（鳥、ハムスターなど）	小動物が犬のおもちゃになってしまうなどの危険がありえる。

7章

柴犬の健康管理&気をつけたい病気

ふだんから健康チェックをしよう

いつもと違う体調の変化に気づいてあげて！

自分で不調をうったえることのできない犬の健康管理は、飼い主の大切な仕事です。犬の様子をふだんからよく見ていれば、ちょっとした変化でも気づけるようになります。「いつもよりも食欲がない」「今日はあまり遊びたがらない」など、すぐに気づける飼い主になりましょう。

ふだんと違う場合や、体調の変化が見られる場合は、すぐに動物病院へ連れていきましょう。設備が整い、新しい診療技術を、とり入れている信頼できる病院をあらかじめ探しておくことが重要です。

こんなときは早めに病院に連れていこう！

食欲や排泄の状態、行動などの様子を見て、次のようなときは受診が必要です。

□体を頻繁にかく

しつこくかき続けるときは、毛が抜けたり、赤みや湿疹（しっしん）があるなどの異常がないかチェックして。

□下痢をした

少しの下痢を1回くらいしても、元気で食欲があり、すぐよくなるなら大丈夫。下痢が何度か続き、食欲や元気がないときは病院へ。

□排泄物に血が混ざる

おしっこやうんちに血が混じっているときは、病気が疑われるので早急に受診を。また、おしっこが少ないときや、逆に量や回数が急に増えたときも、急いで病院へ。やたらと水を飲むようになっているときも、病気の場合があります。

□食べたものを吐いた

食べた直後に未消化のものを吐いた場合は、食べすぎで吐いただけの場合も。様子を見て普通にしているなら大丈夫です。しかし、何度も吐いたり、食べて時間がたってから消化された液体を吐くときは病気の疑いがあります。異物を飲み込んだときも、何度も吐くことがあります。

よだれがずっと出たり、吐きそうで吐けないときも、病院へ連れていきます。

□呼吸が苦しそう

走った直後や暑いときの「ハアハア」とは違い、呼吸が苦しそうになっていたら緊急を要します。すぐに病院へ連れていきます。

犬の体温の測り方

体温計の先端を水やオイルなどでぬらして滑りやすくし、肛門に3㎝ほど差し込んで測ります。犬の平熱は通常、人間より高い38〜39度。犬が動き回って誤差が出る場合もあるので、多少幅をもたせて大丈夫です。平熱より急に上がったり下がったりした場合、すぐに病院へ。

写真は動物用直腸式体温計。

こんな症状がないかチェック！

目
目やにや涙が多い。充血している。目をショボショボさせている。瞳が白っぽい。

耳
耳アカが多い。変なにおいがする。やたらと耳をかいたり頭を振ったりする。

鼻
鼻水が多い。鼻水の色が濃い。しきりと鼻をなめている。

口
口臭がする。よだれが多い。歯ぐきが腫(は)れている。

皮膚・被毛
頻繁に体をかく。毛にツヤがない。脱毛がある。湿疹やしこりがある。

足
足を引きずる、片足を上げて歩くなど、歩き方がおかしい。

肛門・生殖器
肛門や陰部、睾丸が腫れている。肛門まわりが汚れている。床におしりをこすりつける。

知っておきたい緊急時の対処法

いざというときの応急処置の仕方

犬がけがをしたり事故にあったときは、できるだけ早く設備と技術の整った病院に連れていくことが必要です。ただ、病院に行くまでに応急処置をしたほうがいいこともあるので、いざというときに適切な処置ができるよう知っておくといいものをまとめました。

熱中症

夏の暑い時期は、犬も熱中症が増えます。閉め切った部屋やエアコンの効いていない車内、炎天下の散歩の道中などでは要注意。気温だけでなく、湿気の多さも熱中症の要因となるので気をつけて。外飼いの場合は、特に注意が必要です。犬の体を冷やすグッズなどを使って熱中症を予防するのもおすすめ。

熱中症になった場合は、頭・体に水をかけ、すぐに病院へ。水が飲めるようなら、すぐに飲ませましょう。ぬれタオルや保冷剤で体を冷やしながら病院へ連れていきます。

誤食・誤飲

異物を口に入れてしまったときはすぐに口を開けさせ、口内にまだ残っていないか確認します。とり出せるものは、指を入れてとり出します。飲み込んでしまった場合は数時間で腸まで入ってしまうので、すぐに病院へ連れていきましょう。

犬が何かをくわえたときに「ダメ!」などと大声を出すと、はずみで飲み込んでしまうことが多いものです。そんなときは驚かせないように気をつけ、おやつをばらまくなどして犬の気を引いて、くわえたものを出させるようにします。

発熱

高熱の場合は、体を冷やして病院へ連れていきます。わきの下、内股などにタオルで包んだ保冷剤などをあてて冷やします。あまり急に冷やしすぎると体によくないので、体じゅうに氷をあてたり、びしょびしょにぬらすといったことは避けます。震えている場合は、体を毛布などで包み、暖かくして病院へ。

嘔吐

けいれんを起こしたり、意識がないときに嘔吐した場合は、のどに吐いたものが詰まって危険な場合があります。伏せの姿勢にさせ、吐いたものが詰まらないようにします。のどに詰まったものがある場合は、頭を下側にして体をゆすって詰まったものを出し、元の体勢に戻してあげること。

意識がないときは、吐いたものをのどに詰まらせない姿勢に。

ヤケド

ヤケドしてしまったときは、患部を冷やすことが重要です。すぐに流水をかけて冷やし、病院に着くまでの道中も、保冷剤などを患部にあてて冷やします。

骨折

患部をできるだけ動かさないようにして、すぐに病院に連れていきます。犬が痛がるので、抱きかかえる場合は患部にふれないように気をつけて。

出血

軽い出血は、ガーゼなどをあてて押さえれば止血できます。止血した状態で病院へ。人間の消毒薬を使うと刺激で患部をより気にしてしまうことがあるので、使わないこと。深爪で出血した場合は、小麦粉を爪の断面につめると止血できます。

動物病院選び・受診時のポイント

かかりつけの病院を決めておこう

犬の健康を守るために、かかりつけの動物病院を決めておきましょう。予防接種や健康診断などで定期的に通っていれば、いざというときも安心です。

子犬を家に迎える前に、口コミやネットなどで情報収集をして、家から通いやすい動物病院を探しましょう。診療日・時間もチェックしておきます。

受診時に伝えること、持参するといいもの

受診時に伝えたいことは、メモしていくとあせらずにすみます。

病院選びのポイント

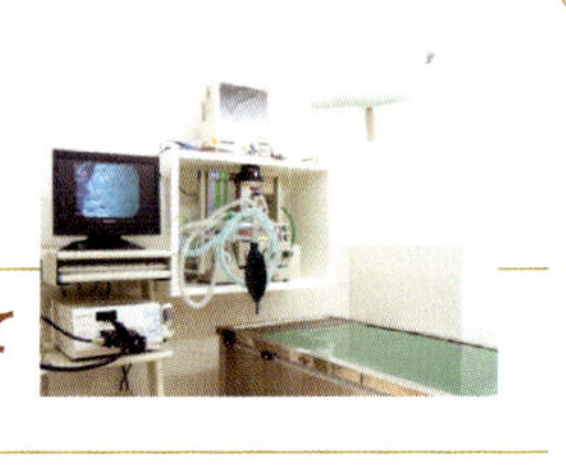

- □ 病気についてはもちろん、食事、しつけなども、きちんと指導してくれる
- □ 必要な検査や予防接種などについてくわしく説明し、行ってくれる
- □ 獣医師やスタッフが、状況や質問をしっかり聞いて、答えてくれる
- □ 獣医師やスタッフが新しい情報に通じ、技術向上を心がけている
- □ 必要な場合は、より専門性の高い動物病院を紹介してくれる
- □ 病院内が整理整頓され、設備が整っている
- □ 病院内が清潔に保たれ、動物の異臭やアンモニア臭などがしない

- □ 入院室の犬や猫の様子を、スタッフが常に観察している

□いつごろから
□どのように具合が悪くなったか
□ごはんの時間、食べた量
□排泄の状態、量
□ワクチン接種の状況

といった点を、説明できるようにしておきましょう。

下痢をしている場合、便検査が必要となります。可能なら、いちばん新しい便を持参して。嘔吐物も持っていくか、写真に撮って持参すると、診断の参考に。誤飲の場合、飲み込んだものと同じものを持参するといいでしょう。

通院時には犬を
クレートやキャリーバッグに入れ、
待合室でもクレートに入ったまま
おとなしく過ごせるよう
しつけておきたい（p.56～57参照）。

セカンドオピニオン（二次診療）、サードオピニオン（三次診療）を求めよう

日本では、最初に受診した動物病院や、家からいちばん近い病院がかかりつけの病院となることが多く、その病院の方針や技術レベルなどを問わず、獣医師に全面的に従うというケースがよく見られます。

飼い犬のことをよく知っているかかりつけの獣医師は心強い存在ですが、病気やけがの種類によっては、その獣医師では対応できないこともあります。特に、むずかしい病気にかかったときなどは、治療の選択肢がいくつか出てくるケースもあります。

動物病院は設備や技術によって、受けられる検査や治療が違います。また、診察料金や薬代などが病院によって異なります。かかりつけの動物病院以外の病院で意見を聞きたいときや、治療の選択肢を確認したいときは、かかりつけの獣医師と相談のうえで別の病院を紹介してもらいましょう。

このように、犬のために最善と思われ、納得いく治療を受けるために、セカンドオピニオン、さらにはサードオピニオンを求めることが大切です。

ワクチン接種で感染症を予防

感染症から犬を守る予防接種を必ず受ける

犬の狂犬病予防注射は年1回の接種が法律で義務づけられています。狂犬病は犬だけでなく人にも感染し、発症すれば人も動物も死亡する危険な病気です。また、法律で義務づけられていなくても、混合ワクチン接種は犬の命と健康を守るのに非常に重要です。このワクチンは犬にとって死亡率の高い感染症をまとめて予防します。

生まれたばかりの子犬は母犬からもらった免疫がありますが、生後6週ごろから免疫が低下してきます。子犬の免疫が切れる前にワクチンを接種することが必要です。

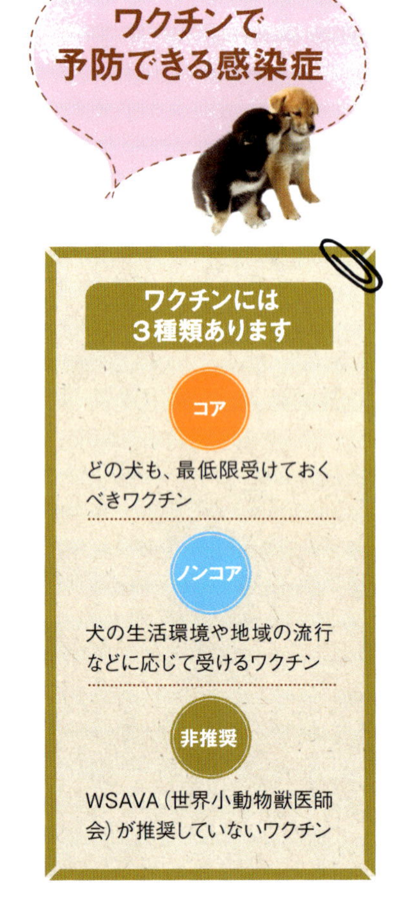

狂犬病　コア

【感染経路】
狂犬病ウイルスに感染した動物にかまれることで感染します。近年、海外で感染犬にかまれた日本人が、帰国後に発症、死亡する事例があり、その恐ろしさが再認識されています。海外で見知らぬ犬にさわってはいけません。

【症状】
だ液中のウイルスが末梢神経に侵入し、最終的には脳や脊(せき)髄(ずい)に到達して神経症状を起こします。症状が起きると、かみつくなど凶暴化する犬も。最後には麻痺状態になり、水を飲んだり食べ物を食べたりできなくなり、衰弱して死亡します。

【ワクチン接種の時期】
生後91日以上の犬には、年に1回の狂犬病予防接種が法律で義務づけられています。

混合ワクチン対象の感染症

基本の5種ワクチン

1. 犬ジステンパー
2. 犬伝染性肝炎
(犬アデノウイルス1型感染症)
3. 犬伝染性咽頭気管支炎
(犬アデノウイルス2型感染症)
4. 犬パルボウイルス感染症
5. 犬パラインフルエンザ

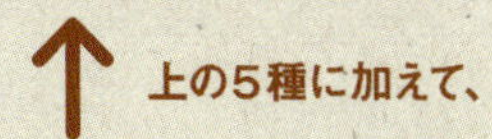

上の5種に加えて、

- 犬レプトスピラ感染症(2～5種類)
- 犬コロナウイルス感染症

のワクチンが入っているものがあります。

基本のワクチンを必ず受ける

混合ワクチンの組み合わせはいろいろあります。一概にワクチンの数が多いほうがいいというわけではありません。基本は左の①～⑤のワクチンです。成犬で必ず受けたいのは①～④のコアワクチンですが、これらは初期のワクチン接種と半年～1年後の追加接種を行えば、生涯、十分な抗体価を維持できる犬が多いことがわかっています。

また、犬をドッグランやドッグカフェへよく連れていく、ペットホテルに預けたり犬連れで旅行する機会が多いなどの場合は、コアワクチンでは防げない感染症にかかるリスクが高くなります。ライフスタイルや地域の発生状況などを考慮し、ノンコアワクチンの接種が必要になることもあります。接種するワクチンの種類や時期は、獣医師に相談してプログラムをつくってもらいましょう。

混合ワクチンの接種スケジュール目安

WSAVA(世界小動物獣医師会)ガイドラインに基づく

スケジュール	8週(生後2カ月)	12週(生後3カ月)	16週(生後4カ月)	3回目の接種から1カ月後	26週(6カ月半)から52週(1才)	以降	1才までの接種回数
内容	1回目	2回目	3回目	抗体価検査	抗体価の測定をしない場合に追加接種	1～3年ごとに抗体価をチェックし、下がっていたら接種	最低3回

子犬は生後8週(2カ月)ごろから生後16週(4カ月)を過ぎるまで、1カ月おきに接種します。初回ワクチンの接種時期によって回数は変わってきますが、接種回数よりも最後の接種が16週(4カ月)を過ぎていることが重要です。

十分な抗体がついているかチェックするため、最後の回から1カ月後に抗体価検査をします。抗体価が十分ならOKですが、不十分な場合はさらに追加接種を行います。抗体価の測定をしない場合は、26週(6カ月半)から52週(1才)で追加接種します。以後、1～3年ごとに抗体価を測定して、追加接種する必要があるかどうか確認することが理想的ですが、測定しない場合は最低でも3年ごとに接種を行います。また、ノンコアワクチンについては、抗体価を維持するのに1年ごとの接種が必要です。

それぞれの病気の詳細は、次のページから

混合ワクチンで防ぐ感染症

犬ジステンパー

コア

【感染経路】
犬ジステンパーウイルスに感染した犬の鼻水、だ液、尿の飛沫や接触による感染。

【症状】
発熱、食欲不振、目やに、鼻水などの症状が見られ、やがて咳などの呼吸器症状や下痢・嘔吐などの消化器症状もあらわれてきます。病気がさらに進行すると、ウイルスは脳や脊髄（中枢神経）に炎症を起こしてウイルス性脳炎を起こし、けいれんや震え、麻痺（まひ）などの症状が見られるようになり、死にいたることもあります。命が助かった場合も、重い後遺症が残るケースが見られます。また、犬ジステンパーのひとつの症状として、肉球の角質化（ハードパッド）が見られる場合もあります。

【治療】
ウイルス自体を攻撃する治療、つまり原因に対する根本的な治療法はありません。栄養や水分の補給を行い、症状をやわらげる対症療法が行われます。これは、ほかのウイルス感染症も同様です。根本治療がないからこそ、病気にかからないよう予防を徹底すること！　それによって、感染した犬が苦しい思いをしたり、よその犬にうつして大変な目にあわせることを回避できるのです。

犬伝染性肝炎
犬アデノウイルス1型感染症

コア

【感染経路】
犬アデノウイルス1型に感染した犬の排泄物から経口、経鼻感染。

【症状】
高熱、嘔吐、下痢などが起こり、肝臓の位置（腹部の中央あたり）を押されると痛がり、さわられるのを嫌がります。重症になると虚脱状態となって、突然死するケースもあります。ただし、症状があまり見られないものや、鼻水と発熱ぐらいの軽いものなど症状に幅があります。また、病気の回復期には、一時的に角膜混濁（目が白くにごる）が見られることがあります。

【治療】
犬ジステンパーやそのほかのウイルス感染症と同様、症状に合わせた対症療法が行われます。

犬パルボウイルス感染症

コア

【感染経路】
犬パルボウイルスに感染した犬の排泄物から経口、経鼻感染。

【症状】
成犬も含めて離乳期以降の犬がかかる「腸炎型」と、生後3～9週の子犬がかかる「心筋型」があります。「腸炎型」は激しい下痢、嘔吐を繰り返します。下痢は水溶性で悪臭があり、血便になることも。重症の場合は急死してしまうこともあります。「心筋型」は子犬が突然、虚脱や呼吸困難を起こし、急死することがあります。

【治療】
犬ジステンパーやそのほかのウイルス感染症と同様、対症療法が行われます。

犬伝染性咽頭気管支炎（いんとうきかんしえん） 犬アデノウイルス2型感染症

コア

【感染経路】
犬アデノウイルス2型に感染した犬の飛沫、接触感染、経口、経鼻感染。

【症状】
発熱や短く乾いた咳（せき）が見られ、重度になると肺炎を引き起こすこともあります。ほかのウイルスや細菌との混合感染をすると、症状が重くなり死亡率が高くなります。

【治療】
犬ジステンパーやそのほかのウイルス感染症と同様、症状に合わせた対症療法が行われます。

犬パラインフルエンザ

ノンコア

【感染経路】
犬パラインフルエンザウイルスに感染した犬の咳、くしゃみ、だ液、鼻水、排泄物などの経口、経鼻感染。

【症状】
発作のような激しい咳が出ます。症状は比較的軽く、死にいたることは少ないものの、ほかのウイルスや細菌と複合感染することが多く、回復後もしばらく咳が残ることがあります。

【治療】
犬ジステンパーやそのほかのウイルス感染症と同様、対症療法が行われます。細菌の混合感染に対しては、広い範囲に効果のある抗生物質も使われます。

フィラリア症について

ワクチンでなく、薬で予防する感染症

「フィラリア」は寄生虫の一種。この寄生虫によるフィラリア症は、進行すれば命にかかわります。日本中どこでも、また、室内でも感染のリスクがあります。しかし、予防薬でほぼ100%防ぐことができるため、予防を徹底しましょう！

【感染経路】
感染した犬の血を吸った蚊にさされることで、フィラリアの幼虫が体内に入り、成長して肺に寄生し、特に心臓と肺、腎臓や肝臓などへも障害を起こします。

【症状】
咳、息切れなどの呼吸器症状のほか、重症になると失神や腹水（おなかに水がたまる）などが見られる場合もあります。大きな寄生虫なので、小型犬が感染すると症状が重症化するケースがよくあります。治療には、外科手術でフィラリアを除去したり、フィラリアを駆除する薬が使われます。

【予防】
飲み薬、注射、背中に垂らすタイプなどの予防薬があります。地域によりますが、投薬期間は蚊が発生し始める4月から、蚊がいなくなった月の翌月の12月までです。通年の予防も可能。休薬後の投薬再開時には、感染が起こっていないかどうか調べる検査が必要になります。薬の種類や期間については獣医師と相談しましょう。

犬レプトスピラ感染症

ノンコア

【感染経路】
レプトスピラ菌に感染したドブネズミなどの尿、あるいは尿に汚染された水や土壌との接触、経口感染。人にも感染する人獣共通感染症です。

【症状】
レプトスピラ菌にはさまざまな種類があり、多くは感染しても症状の出ない不顕性型です。症状があらわれるものには出血型と黄疸型があり、出血型は高熱、嘔吐、血便、結膜の充血などをもたらし、最悪の場合は尿毒症を起こして死亡することも。黄疸型は黄疸、嘔吐、下痢のほか出血症状もあり、出血型よりも症状が重く、発病から数日で死亡する場合もあります。

【治療】
抗生物質の投与と、対症療法が行われます。

犬コロナウイルス感染症

非推奨

【感染経路】
犬コロナウイルスに感染した犬の排泄物から経口、経鼻感染。

【症状】
成犬が感染してもほとんどの場合、症状はあらわれませんが、子犬が感染すると下痢や嘔吐などの消化器症状が起こります。

【治療】
犬ジステンパーやそのほかのウイルス感染症と同様、対症療法が行われます。

COLUMN

ワクチン接種 必ず知っておきたいポイント

接種にあたっての注意点

1 健康でないと接種できないので、体調に気をつける。また、健康かどうかわからない犬との接触は避ける。

▶ 健康とわかっている犬との接触は、社会化（p.50）のため非常に大切です。

2 接種当日はよく様子を見る。ふだんと違った様子が見られたら、動物病院に連絡する。

▶ 万一、副反応があったとき、その日のうちに病院へ行けるよう、なるべく午前中に接種を。

3 ワクチン接種当日は安静に過ごし、接種後1～2日は激しい運動やシャンプーは避ける。

4 子犬のワクチン接種が完了するまでは、地面を歩く散歩は避ける。

▶ しかし、社会化のため大切な時期でもあるため、キャリーバッグなどで連れ出し、外の環境にも慣れさせる。

5 妊娠しているときには、接種しない。

▶ 妊娠していない平素の健康なときに、予防できる病気のワクチン接種を必要分、すべて終わらせておくこと。それによって、免疫力の強い、よい母乳に恵まれる。

接種後の副反応に気をつける

ワクチン接種後に顔が腫れたり、下痢をしたり、注射部位を痛がったりすることがあります。まれに、じんましん、呼吸困難、意識障害などを伴う激しいアレルギー症状（アナフィラキシーショック）を起こすこともあるので、おかしいと感じたら必ず、すみやかに動物病院に連絡をしましょう。副反応が出るタイミングは接種直後から数時間後までさまざまです。まる1日元気に過ごせたら、安心して大丈夫です。

接種の証明書をもらう

ペットホテルなどでは、利用にワクチンの接種を条件としているところが多くあります。通常、ワクチン接種を受けると獣医師が証明書を発行してくれるので、大切に保管しましょう。

注意したい柴犬の病気

日ごろの様子を把握しておく

日ごろから犬の様子をよく見て、ふだんの様子を把握しておきましょう。ふだんはしない行動やそぶりを見せて「いつもと違う」状態になったとき、すぐに気づいてあげられます。食欲がない、元気がないなどのはっきりした不調があるときは、より重症な可能性があるので、早めに受診しましょう。

下痢は受診理由に多い症状。元気がなく食欲も低下している、便に血が混じる、**嘔吐**などの症状もあるなどのときは、すぐに病院へ。嘔吐が何度も続く、嘔吐物に血が混ざる場合も受診しましょう。

子犬は、**低血糖症**も要注意です。体内の糖分濃度が下がりすぎたときに起き、発症すると体に力が入らず、ぐったりして見え、全身性のけいれん発作を起こしたり死にいたる場合もあります。病気がひそんでいることもありますが、環境の変化やストレス、長い空腹時間、栄養不足などで起こることもあるので、注意しましょう。

症状が何であれ、いつもと違うと思ったら、病気を疑って急いで病院へ行くようにしましょう。

循環器の病気

僧帽弁閉鎖不全症（そうぼうべんへいさふぜんしょう）

【症状】

7才以上の小型犬に多い心臓病です。血液の流れをコントロールする心臓の左心房と左心室の間にある僧帽弁が、弁の変性により働きが低下し、血液が逆流してしまいます。ひどくなると鬱血（うっけつ）性心不全、肺水腫、肺高血圧などの症状が見られることもあります。元気がなくなる、運動を嫌がる、咳が続くなどの症状が出ます。悪化すると呼吸困難に陥り、急死することもあります。

【治療】

血管を拡張させる薬や心臓の収縮を助ける薬、体の水分の排出を促進する利尿剤などを使い、症状を改善する治療が行われます。手術費用は高額になりますが、心臓の弁膜を改善する手術もあります。施術を受ける場合はかかりつけの獣医師に相談し、専門医を紹介してもらいましょう。

消化器の病気

ケンネルコフ

【症状】
「コフ」は咳のこと。ウイルスや細菌に感染して引き起こされる気管支炎で、特に子犬に多い病気です。乾いた咳が出て発熱をするなど、人間の風邪と同じような症状が続きます。症状が悪化すると呼吸困難に陥ることもあります。

【治療】
細菌感染の場合は抗生物質を投与します。咳がつらそうなときは、鎮咳剤(ちんがいざい)などで症状を緩和させます。子犬やシニア犬では衰弱死につながることもあるため、予防ワクチンの接種が有効です。病気にかからないよう予防を徹底することで、感染して犬が苦しい思いをしたり、よその犬にうつして大変な目にあわせることを回避できるのです。
また、さまざまなウイルスや細菌を強力に不活性化・除菌できる製品があるので、感染対策にそれらの製品を使う手段もあります（製品はp.33参照）。

気管虚脱(きかんきょだつ)

【症状】
筒状の気管（特に気管軟骨）がつぶれて扁平化し、激しい咳が出たり、呼吸がしづらくなったりします。呼吸音が大きくなり、ガーガー、ヒューヒュー苦しげになるのが特徴です。

【治療】
興奮は禁物なので、まずは鎮静剤を与え、気管拡張剤や抗炎症剤などを使って呼吸しやすくします。症状が進まないように、軟骨強化剤（グルコサミン、コンドロイチンなどの良質のサプリ）を与え、良化しない場合（少なくとも1カ月やってみて改善しない場合）は、熟練した外科医に手術をしてもらいましょう。また、手術費用はかかりますが、ステント（血管や管状の組織に入れてその管の内腔を保つ装置）を入れる救命方法も開発されています。
しかし、遺伝的な病気のため、いずれの方法をとっても、救命はできても根治できるわけではありません。治療後は再発しないように日常生活での注意も必要です。高温多湿でつらそうに呼吸をしていたら、エアコンなどで環境を整えてあげましょう。気管に脂肪がつかないように肥満対策も必要です。首輪は気管を圧迫するため、胴輪を使いましょう。

急性腎不全・慢性腎機能障害

【症状】
腎臓の働きが低下して、老廃物が十分に排出されずに体内に蓄積していきます。進行すると全身的な尿毒症を引き起こし、死にいたります。急性腎不全が起こると、尿毒症の程度に応じて元気がなくなり、食欲不振、吐き気や嘔吐などの症状があらわれます。病状が徐々に進行する慢性腎機能障害の場合は飲水量が増える、やせてくるなどの症状はありますが、尿毒症の症状が出るのはかなり進行してからです。健康診断による早期発見が重要。

【治療】
急性腎不全の場合は特に、すぐに病院に連れていきましょう。感染症などが原因ならばその治療を行い、尿量を増やす薬を与えます。重い電解質異常*、脱水症状が起こっているので、点滴で水分補給をし、透析をする場合も。慢性の場合は塩分、リンを控えた特別療法食で進行を遅らせます。

膀胱炎・尿道炎（ぼうこうえん・にょうどうえん）

【症状】
細菌感染や、結石や腫瘍（しゅよう）ができて膀胱や尿道の粘膜が傷つき、炎症を起こします。尿をためるところに炎症を起こすのが膀胱炎、尿を排泄する管の部分に炎症を起こすのが尿道炎です。排尿が困難になったり、排尿時に痛みや血尿が出る場合、また発熱することもあります。

【治療】
遺伝的に問題があると起こりやすいため、まずは精密検査を行います。尿検査やX線検査などで原因をつきとめ、細菌感染の場合は抗生物質などの投与で治療します。特に、造影精密検査（造影剤を投与して行う、より精密なX線検査）が安全にできる病院で受診するといいでしょう。結石が原因の場合は、外科手術をすることもあります。

肛門嚢炎（こうもんのうえん）

【症状】
肛門の両側には「肛門嚢」という独特のにおいのする分泌液をためておく袋状の部分（嚢）があります。この分泌液がうまく排出できず、化膿する病気が肛門嚢炎です。たまりすぎると袋状の部分が破れ、まわりの組織に炎症を起こすことがあります。痛みや不快感でおしりを床にこすりつけたり、排便しにくくて痛がったりします。

【治療】
化膿している場合は膿を出して、炎症がおさまるのを待ちます。ただ、ほとんどの場合が慢性化し、嚢が破れて周囲の組織に炎症を起こします。ただちに受診し、嚢をとり出す処置が必要です。シャンプーをするときは、たまっている分泌液を定期的にしぼり出し（p.110「肛門腺しぼり」参照）、分泌液がたまらないように注意しましょう。

*ナトリウムやカリウム、リンといった電解質は、腎臓の働きでバランスを保っている。腎臓に異常があってこのバランスがくずれ、正常値を逸脱した状態が「電解質異常」。

生殖器の病気

乳腺炎

【症状】
乳腺は乳汁をつくって乳頭まで運ぶところです。乳腺炎は授乳期に多く、乳頭が子犬の歯などで傷つき、そこから細菌が入ったり、乳汁が乳腺にたまって流れなくなったりすること（鬱滞）で、炎症を起こしやすくなります。炎症が起こると乳腺が腫れて熱を持ち、痛みがあるために、さわられるのを嫌がります。膿がたまって、発熱する場合もあります。また、黄味がかったどろっとした乳汁が出るケースも。

【治療】
細菌感染の初期の場合は抗生物質を投与します。すでに膿がたまっている場合は、ただちに外科手術が必要になることがあります。鬱滞による場合は保冷剤などで患部を冷やし、抗炎症剤を投与し、炎症をやわらげます。

子宮蓄膿症

【症状】
メスの発情後に起きやすい病気です。子宮内へ細菌が入ることから起こります。膿が外陰部から出る「開放性」と、膿がまったく出ない「閉塞性」があります。いずれの場合も水を多く飲み、尿の量が増えるのが特徴。悪化すると嘔吐や脱水症状を起こし、さらには、腹膜炎を起こして死にいたる場合も。

【治療】
早期に不妊手術をすることで予防できます。発症してしまった場合は、ただちに手術で卵巣、子宮を切除します。また、手術前・手術中・手術後に、抗生物質の投与を行います。

去勢・不妊手術で防げる病気もある

壮年期から老年期を通して起こる生殖器の病気は、ホルモン分泌の異常と大きく関係しています。生後2～4カ月の早期に去勢／不妊手術を行うと、それらのほとんどのものを予防することができます（p.160～161も参照）。

皮膚の病気

アレルギー性皮膚炎

【症状】
食物、ハウスダスト、ダニ、ノミ、植物など、さまざまな物質に対して免疫が過剰に反応し、激しいかゆみや湿疹などを引き起こします。5才までに発症する場合がほとんど。主に目のまわりや耳の中、わき、内股、足先など、皮膚の薄い場所に赤い湿疹ができたり、脱毛が見られます。慢性化しやすく、いったん治っても再発することが多いのも特徴。合併症として膿皮症（p.147）や外耳炎（p.152）などが起こる場合も多く、早期診断・治療が大切です。

【治療】
完治させる方法はまだ見つかっていないため、炎症やかゆみを抑える対症療法が中心になります。薬としては、かゆみを抑える作用が大きいコルチコステロイド剤や、免疫抑制剤、最近では、かゆみや炎症を起こす「サイトカイン」の産出を抑える薬も使われています。炎症を悪化させないために皮膚を清潔に保つことが大切。通常のシャンプーだと刺激になる場合があるので、低刺激で保湿効果のあるシャンプーを使いましょう。皮膚表面の汚れだけでなく、毛根の奥の汚れまできれいにできるマイクロバブルシャンプーを、動物病院やペットサロンで行ってもらうのも効果的です。
アレルギーを引き起こす原因になる物質を特定することも重要なので、動物病院でアレルギー検査をしてもらいましょう。疑わしいアレルギー物質があれば、それを犬から遠ざけたり、体内に入れない対策を講じます。たとえばハウスダストやダニが原因なら犬の生活の場をこまめに掃除したり、食べ物が原因なら、それを与えないようにしたり、低アレルギーフードに切り替えるといったことが必要になります。症状が長期にわたることも多いので、獣医師と相談しながら気長に治療にとり組みましょう。

誤食・誤飲に注意！

下のようなものを誤食した場合は大至急受診し、獣医師の指示をあおぎましょう
（p.120の「犬に食べさせてはいけないもの」も参照）。

❶自然排泄しないことがあるもの
□ビニール □竹串 □鶏の骨 □針やくぎ □糸やひも □大きな種 □アクセサリー □ボタン □コイン　など

❷食べると中毒を起こすもの
□ネギ、タマネギ、ニラ □チョコレート、ココアなどのカカオ類 □コーヒー、紅茶、お茶などのカフェイン入りのもの □毒性の植物（スイセン、スズラン、シクラメン、キョウチクトウ、ニンニク、ポインセチアなど） □電池類 □エチレングリコールの入ったもの（不凍液、洗剤、化粧品など） □人間用の薬 □殺虫剤、ノミ・ダニ用の薬　など

❸食べると下痢の原因になるもの
□エビ、カニ、イカ、タコ、貝類 □人間用の牛乳 □しいたけ、こんにゃく　など

マラセチア皮膚炎

【症状】

口や耳、肛門周辺に常在するカビの一種（酵母菌）、マラセチアが原因で外耳炎（p.152）や皮膚炎を引き起こします（最も多いのは耳の病気）。悪化させないよう、早く根治させることが大切です。かゆみを伴うため、外耳炎になると耳をかいたり頭を振ったりすることも。皮膚炎は、わきや股、首のあたりに発症しやすく、患部は赤くなり、脂っぽいフケのようなものが出ることもあります。

【治療】

外耳炎の場合は抗真菌剤の入った点耳薬を使います。皮膚炎は、抗真菌剤が入っているシャンプー、マイクロバブルシャンプーで皮膚を洗って様子を見ます。それでも治らない場合は、経口薬を処方してもらう必要があります。

膿皮症（のうひしょう）

【症状】

ブドウ球菌などの細菌が皮膚に感染して起こる皮膚病です。感染した部分の皮膚にポツポツとした湿疹ができたり、赤くなったりします。この湿疹の中には膿がたまっていて、かゆみが強いためかき壊すことがあるので、早めに対処してあげましょう。口や目のまわり、足のつけ根、内股、指の間に出やすい病気です。

【治療】

患部の毛を刈り、薬用シャンプーで体を洗い、主に抗生物質の塗り薬や飲み薬で治療します。不衛生な環境だと再発しやすいので、清潔な環境を維持してください。また、免疫力の低下で感染することもあるので、特にシニア犬は注意が必要です。通常、抗生物質がよく効きますが、すでに膿がたまっている場合はすぐに手術で膿を排出することが大切です。

寄生虫による病気から柴犬を守ろう

犬の感染症には、ノミ、マダニ、ニキビダニなどが媒介するものが多くあります。これらの外部寄生虫が犬の体につくと、かゆみや炎症を起こし、皮膚炎となったり吸血されて貧血を起こしたりするのです。病気によっては人にもうつります。

ふだんは室内で過ごしていても、散歩中にダニやノミがついてしまったり、人間が室内に持ち込んでしまうこともあります。犬を守るために、寄生虫の駆虫・予防薬を使うのが効果的。市販薬では、「フロントライン」や、フィラリアもいっしょに予防できる「ネクスガードスペクトラ」などがあります。

骨・関節の病気

股関節形成不全症（こかんせつけいせいふぜんしょう）

【症状】

成長期の4カ月〜1才ごろに発症することが多い股関節の病気で、関節が正常に形成されないことで変形するために、歩行に異常が出ます。主に遺伝的要因で起こりますが、激しい運動が原因で起こる股関節炎などとの鑑別が必要です。症状はほとんど両足に起きますが、見た目は片足だけしか症状がわからない場合があります。

痛みのせいで片足を上げてヒョコヒョコ歩いたり、逆に片足を引きずったり、腰を振って歩くなどの歩行異常が見られます。また、立ち上がるときにぎこちなかったり、よろけたり、おすわりができなくなったりすることも。足の痛みのせいで散歩を嫌がったり、階段の上り下りができなくなったり、あまり動かなくなったりすることも。進行すると、股関節の脱臼や激しい関節炎になる場合もあります。

【治療】

まず、全身麻酔をかけて動かない状態にし、正しいポジショニングにしたうえで、X線撮影やCT検査が必要です。痛みが強いので、抗炎症剤や鎮痛剤を投与しながら、食事や運動の管理を行い、痛みをコントロールします。根本的な治療としては、手術をすることになります。手術の方法としては、4カ月までの幼犬では骨盤恥骨結合癒合術、12カ月までは骨盤骨切り術、または大腿骨を切る方法をとります。すでに股関節の変形が重度な場合は、人工関節に入れ替える方法などがあります。

遺伝的要因がほとんどなので予防はできないのですが、子犬の時期に股関節が健全に形成されているかどうかの検査を受けておきましょう。また、肥満は関節に負担をかけるので、食事コントロールをしっかり行うことも大切です。

「豆柴」によく見られる骨の異常

ミニサイズで人気の豆柴（p.21）ですが、小さい体をキープするために食事制限をして育てるケースがあり、その結果、骨格が正常に成長せず、健康が阻害される場合が見られます。

豆柴に限らずどの犬にも、飼い主の都合で十分な食事を与えないようなことは、決して行ってはいけません。

膝蓋骨脱臼(しつがいこつだっきゅう)

【症状】
遺伝的な病気で、ひざの関節上にあるお皿と呼ばれる骨（膝蓋骨）がずれることをいいます。ほとんどの場合、膝蓋骨がずれることでは痛みは起こりませんが、それによって膝関節(しつかんせつ)が不安定になるためひざの靭帯(じんたい)を痛めやすくなり、靭帯の断裂を引き起こすことがあります。その場合、犬は足を上げたまま歩いたり痛がったりします。軽症の場合、症状が出ないこともあります。

【治療】
この病気が疑われる場合には、ただちに触診による検査、X線、CT検査などで重症度合いを明らかにし、それに合った外科手術を行うことになります。早期診断・治療が大切です。日常生活ではひざに負担がかからないよう肥満に気をつけ、床を滑らないようにする、段差を工夫するなど、環境づくりも重要です。

椎間板(ついかんばん)ヘルニア

【症状】
椎間板は椎骨と椎骨の間でクッションの役割をする軟骨で、背骨間に加わる衝撃をやわらげています。ヘルニアは椎間板が変性し、椎間板内部の「髄核」と呼ばれる部分が突出することで脊髄や神経根を圧迫し、突然、背中の痛みのせいであまり動けなくなったり、前足や後ろ足が部分的な麻痺を引き起こし、ふらつく、立てなくなるなどの状態になる病気です。ダックスフントが遺伝的に最もなりやすいのですが、柴犬やほかの犬種にも起こるので注意が必要です。2〜6才ごろに多く発症します。

【治療】
まず、全身麻酔下での脊髄造影検査およびCT検査（またはX線撮影）で精密検査を行うことが必要です。場合によっては骨髄を圧迫している椎間板病変をとり除く手術を行います。術後はリハビリで筋肉と神経の回復をはかります。脊髄へのダメージの程度と術後の回復見込みは大きく関係するので、早期の精密検査が特に大切です。後ろ足の麻痺がなく、軽度な場合は安静を保つことでよくなることもありますが、重度な場合には、ただちに脊髄を圧迫している椎間板病変をとり除く手術が必要になることもあります。痛みのひどい場合、または後ろ足や前足が部分麻痺の場合、または完全麻痺（かえって痛みがない）の場合は、この手術に慣れた専門医がいて設備が整っている病院で、一刻も早く手術を受けましょう。

目の病気

白内障（はくないしょう）

【症状】
ものを見るときに焦点を調節する水晶体が白くにごってきて、視力が低下する病気です。進行すると、最終的に失明することもあります。先天的なものとして最も多いのが、生後数カ月～数年で発症する「若年性白内障」です。まれに、生まれつき水晶体がにごっている「先天性白内障」があります。後天的な要因としては、加齢によって水晶体がにごってくる「老年性白内障」が代表的ですが、糖尿病による代謝異常や、目のけがが原因となることもあります。視力障害が起こるため、ものにぶつかる、段差につまずく、散歩に行きたがらなくなる、体にふれると驚く、といった様子が見られます。

【治療】
早めに検査を受け、網膜の異常を伴わないものは、すぐに外科手術（白内障手術）を受けることが重要になります。視力障害がひどい場合は、精密な検査を行ったうえで、手術を行うかどうか検討します。手術を決定した場合は、水晶体を摘出して眼内レンズを挿入する外科的療法が行われることになります。ただ、この療法は手術費用がかかり、特殊な機器が必要です。そのため、その機器があり、手術に慣れた専門医のいる病院を探すことが重要になります。また、すでに網膜が萎縮してしまっている場合は、効果がありません。手術前に獣医師とよく話し合い、回復の可能性や度合い、手術代を確認しておきましょう。

目の病気早わかりチェック～こんなときは病院へ

目の病気はさまざまです。判断が遅れると失明にいたる場合もあります。
以下のことに気がついたら、獣医師に相談してみましょう。

- □ 結膜が赤い（赤目）
- □ 左右の色が違う…ふだんと違っているとき
- □ 目やにがひどい
- □ 涙があふれる
- □ 目をしょぼしょぼさせる…目を開けられず、前足でかくようなしぐさがあるとき
- □ 異常にまぶしがる…まぶしい光でもないのに必要以上にまぶしがるとき
- □ まぶたをさわると痛がる…ふれただけで痛がるとき
- □ 歩くとき、ものにぶつかる…障害物をよけられないとき
- □ 日中、瞳が白、赤、青などに見える…ふだんと違っているとき、左右の色が違うとき
- □ 瞳の大きさが違う…以前は同じだったのに違いが見られるとき

角膜炎

【症状】

角膜表面が傷ついて炎症を起こし、痛みから目をしょぼしょぼさせ、まばたきや涙が多くなったり、目やにが出たりします。また、目をこすったり顔を床にこすりつけたりすることでさらに悪化することが多いので、早く獣医師に診てもらいましょう。症状が進むと目が充血し、瞳が白くにごってきます。

目のまわりの毛が眼球に当たったりケンカで傷つけたりすることが原因となるほか、感染症によるものもあります。ほうっておくと急性の角膜潰瘍（かいよう）（角膜表面だけでなく奥まで影響が出る状態）から角膜に穴があいたり（角膜穿孔）、全眼球炎から敗血症を起こし、急死することにもなりかねない緊急の病気です。おかしいと思ったらすぐに受診しましょう。

【治療】

まずは原因となるものをとり除き、炎症や感染を抑える薬を点眼します。治療中は、目をこすらないよう注意が必要です。

緑内障（りょくないしょう）

【症状】

眼球内の水分がうまく排出されなくなり、眼球内部の圧力が高まり、眼球が肥大します。それによって視神経の損傷を起こす病気です。先天的な要因で起こる場合と、ぶどう膜炎などのほかの目の病気によって起こる後天的な場合があります。

また、急性と慢性の場合があり、急性の場合、急激に眼圧が上がって目が強く充血したり、黒目部分がにごったり、瞳孔が開いたままになったりする症状がよく見られます（犬の場合、瞳孔が開いたままだと黒目部分が赤く見えます）。痛みや違和感があるため、犬は目をしょぼしょぼとさせたり、しきりに目をかいたり、頭をブルブル振ったり、なでると嫌がるといった様子も見られます。慢性の場合は、眼球が拡大し、出っ張りぎみになります。この場合、網膜や視神経が大きなダメージを受けているため、通常、すでに視力を失っています。

【治療】

眼圧を下げるため、点眼薬や内服薬を使用したり、レーザー手術などを行います。処置が遅れると失明するため、すばやい対応が必要です。視力を失っていて、痛みを伴う場合は、眼球摘出を行う場合があります。網膜や視神経のダメージの程度と術後（視力）の回復見込みは大きく関係するので、早期の治療が特に大切です。

予防法はないため、定期的に目の検査を受けることが大切です。

耳の病気

外耳炎

【症状】
耳介から鼓膜までの外耳に炎症を起こす病気です。柴犬は皮膚の病気になりやすく、特にアレルギー性皮膚炎(p.146)が外耳炎につながる場合がよく見られます。かゆがって耳の後ろのあたりを後ろ足でかいていたら、耳の中の炎症を疑いましょう。耳から悪臭がする場合もあります。

【治療】
細菌や真菌、ダニが原因の場合もあります。また、アレルギーが原因の場合もあります。まずは原因を特定し、原因に合った抗真菌剤や抗生物質、コルチコステロイド剤を使います。耳そうじでこすりすぎたりすると、かえって耳を傷つけるので気をつけましょう。耳をさわられることを犬が嫌がる場合は、病院で全身麻酔をかけて検査を行い、必要な薬剤を使用します。近年の麻酔は安全なので、無理に押さえつけたりせず、麻酔を使用することで犬の負担も減らします。

歯・口腔内の病気

歯周病

【症状】
歯みがきをしないと、食べカスなどの歯垢がたまり、歯石となります。歯石を放置すると、細菌が繁殖し、歯ぐきに炎症を起こします(歯肉炎)。その結果、歯と歯ぐきの間にすき間ができ、歯がぐらぐらしてきたり、抜けたりします(歯周炎)。このような歯周病になると、口臭がしたり、歯ぐきから出血をしたり、かむときに痛みがあるので食欲が落ちることもあります。

【治療】
歯垢は3～4日間で歯石になります。日ごろから、歯ブラシやガーゼで歯を清潔にする習慣をつけましょう(p.116参照)。症状が軽いうちに毎日歯みがきをして、口の中を清潔に保つことで改善が期待されます。しかし、症状が進んでしまった場合は、病院で全身麻酔をして歯石や歯垢をとり除く処置や、抜歯をします。

ホルモンの病気

副腎皮質機能亢進症（クッシング症候群）

【症状】
副腎は腎臓のそばにある器官で、代謝や免疫、炎症抑制など、生命維持に深くかかわるホルモン（副腎皮質ホルモン）を分泌しています。このホルモンの分泌量が増加することで起こる病気です。
原因としては主に、副腎皮質の働きをつかさどる視床下部や下垂体に異常があって起こる場合と、副腎皮質に腫瘍などの異常があって起こる場合があります。また、コルチコステロイド剤（人工の副腎皮質ホルモン）の投与によって起こるケースも。
症状としては、過食、水を大量に飲む、尿の量が増える、おなかがふくらむ、毛が抜けるなどが見られます。ほかにも、ずっと舌を出してハアハアと息をしている、皮膚が薄くなることもあります。免疫が低下するため、感染症や皮膚炎などにもなりやすく、糖尿病を併発することも。

【治療】
検査をし、原因が下垂体にあるか、副腎皮質にあるか、もしくはコルチコステロイド剤の投与によってなのかを確かめます。
ほとんどの場合、下垂体腺腫（良性）が原因で、この場合、内服薬でのコントロールを行います。副腎腫瘍の場合には、外科手術が必要になります。
腫瘍が悪性だったり、さらにほかの臓器に転移していると、予後がむずかしい場合もあります。

甲状腺機能低下症

【症状】
代謝を促進する甲状腺ホルモンの分泌が減り、元気がなくなって、毛ヅヤが悪くなったり、皮膚が乾いて脱毛が目立つようになります。また、体重が増える、寝ている時間が増える、貧血になるなどの症状も。しかし、これらの典型的な症状が見られない場合も多いので、注意が必要です。皮膚疾患やふだんの様子を総合して診断されることが多いのですが、最終的にホルモンの精密検査や血液検査で確定することが重要になります。
遺伝的要因で起こることがほとんどで、5才以降の発症が多いのですが、若年で起こる場合も。また、ほかの病気によって甲状腺ホルモンの分泌が阻害されて起こることも、まれにあります。

【治療】
甲状腺ホルモン剤の投与により、体内で生成できなくなった分を補充します。このホルモン剤の投与は一生必要ですが、量が多すぎると甲状腺機能亢進症になり、悪くすると心臓疾患などを起こす危険があるので、必ず獣医師の指示を守って。

副腎皮質ホルモンの分泌量が減る「副腎皮質機能低下症」もあります。食欲や元気がなくなり、下痢、嘔吐などの症状が見られ、急性の場合は突然倒れることも。強いストレスで悪化することもあり、至急、受診・治療が必要です。

シニア柴犬の健康年齢を延ばす

9~10才を過ぎたら、老化による行動に注目

医療の進歩やペットフードの質の向上などにより、犬の寿命は延びていますが、早いと7才過ぎから老化が始まります。9~10才ごろからは、はっきりと老化による行動が見られるように。そうした行動に気づいたら、早めに受診しましょう。行動の背景に、老化にともなってかかる病気が隠れている可能性があります。また、シニアになると、認知症の症状が見られることも。

病気の早期発見のため、健康診断を定期的に受けることが大切です。

老化のサインをチェック

耳
耳が遠くなり、呼んでも反応が鈍くなる。耳アカが多くなる。

目
目の水晶体がにごって白内障になり、視力が少しずつ衰える。目やにが多くなる。

口
歯石がたまりやすくなり、口臭や歯周病が出やすくなる。あごの力が弱くなる。

体
代謝が悪くなり太る犬もいれば、消化機能の低下でやせる犬も。

被毛
被毛のツヤが悪くなり、薄くなってくる。口や耳のまわりに白髪が出てくる。

行動
動きが鈍く、歩き方が弱々しくなる。寝ていることが多くなる。

老化によってよく見られる様子

- □ 動作全般が遅くなる
- □ 眠っていることが多くなる
- □ 運動量が減る
- □ あまり遊ばなくなる

シニア犬のために気をつけたいこと

犬がシニア期に入ったら、日ごろからよくふれ合って変化を見のがさないことが大切。できなくなることが増えてくるので、食事やケア、運動には十分配慮して、快適に過ごせる環境を整えてあげましょう。

散歩は体力に合わせて

体力が衰えてくると、遊びや散歩に消極的になってきます。体力に応じて、短時間の散歩をすると病気の予防にもつながります。歩くのが大変そうなら、カートに乗せるなどして散歩する方法も。歩けなくても外に出ると気分転換になり、いい刺激にもなります。

散歩時間、距離は、犬の年齢や体力に応じて。

3カ月に1回の健診が理想

可能なら3カ月に1回、最低でも半年に1回は健康診断を受けさせましょう。病気の予防には、早期発見・早期治療がいちばんです。

室内環境を整える

老化で視力が落ち、足腰も弱るので、室内の段差をなくし、家具の配置もなるべく変えないようにすること。暑さや寒さにも弱くなるため、快適な室温（夏は25～28度、冬は18～20度ほど）と湿度（45～60%ほど）を保つことも大切です。また、落ち着いて眠れるよう、夏は涼しく冬は暖かい場所に寝床の用意を。

立てなくなったら、食事の介助が必要な場合も。

こまめにブラッシングを

年をとってくると、被毛がパサパサになりがちです。血行をよくして新陳代謝を促し、健康な被毛を保つために、週に最低1～2回はていねいにやさしくブラッシングしてあげましょう。

フードをシニア犬用に切り替える

若いときよりも運動量が減り、消化吸収などの内臓機能も低下してきます。7才ごろからは、シニア犬用のフードに切り替えましょう。シニア犬用のフードは脂質やカロリーが抑えられ、腎臓や心臓への負担を軽くするためたんぱく質が少なめなのが特徴です。また、食器は食べやすい高さに設置しましょう。

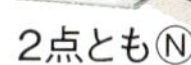

2点とも㋠

認知症

シニア柴犬に多いので、13才を過ぎたら要注意！

個体や環境によっても違いますが、認知症は13才以上で発症しやすい病気。柴犬は長生きしやすい分、ほかの犬種に比べて認知症になる可能性が高めだといわれます。犬が高齢になってきたら、認知症の症状、対処法などを知って、今後に備えておくことが大切です。

【症状】
老化や脳の病気により、脳が萎縮したり、脳細胞が減少して痴呆症状を見せます。夜中に単調な声でほえ続ける、同じ場所をグルグル回る、トイレの失敗が多くなる、呼んでも反応しないなどの症状が繰り返し見られるようになります。しかし、このような症状はほかの脳疾患（特に脳腫瘍）でも見られるため、ＣＴやＭＲＩなどの検査で特定することが重要です。

【治療】
原因が不明なため、根本的な治療法はなく完治は望めません。ただ、脳の血流をよくする血管拡張剤、脳神経の代謝を活性化させる薬や、魚油などに含まれるEPA（エイコサペンタエン酸）、DHA（ドコサヘキサエン酸）などのサプリメントの内服で、症状が改善されることもあります。
また、飼い主のかかわり方で刺激を与えることが、進行を遅らせる助けにも。愛情を込めて話しかけたり、スキンシップを頻繁に行いましょう。また、認知症だと昼夜逆転の生活になりやすいので、規則正しい生活を送らせ、日中、太陽の光を浴びることも生活リズムを守るのに効果的です。

老化によってよく見られる様子

- □ 夜中に動き回ったり鳴いたりする（昼間に眠る）
- □ トイレ以外の場所で排泄したり、失禁したりする
- □ 飼い主に名前を呼ばれても反応しない
- □ 同じ場所をグルグル回る
- □ 後ずさりできない
- □ 部屋の隅に頭をつけたまま動かない
- □ しつけを忘れてしまう

認知症対処のポイント

犬の認知症に有効な治療薬は、残念ながらありません。
以下のような対処を心がけ、少しでも進行を遅らせ、犬が快適に過ごせるよう配慮してあげましょう。

1
愛情あふれるふれ合いを心がけて

認知症からくる行動が見られるようになったら、脳が少しでも活性化するよう、愛情あふれるコミュニケーションを心がけることが大切です。明るく話しかける、たっぷりスキンシップをする、やさしくブラッシングするなどを日課にしましょう。

2
昼夜逆転には、生活リズムを変える努力を

認知症の犬は、昼間は眠っていて、夜中に動き回ったり鳴いたりということがよく見られます。まずは体調や生活環境を見直し、認知症以外に夜眠れない原因がないかのチェックを。また、日光を浴びるようにすると体内時計が修正されて、昼夜逆転の生活リズムが改善できます。昼間はできるだけ遊んであげたり、散歩に連れていくようにして、生活リズムの改善に努めましょう。

3
トイレを失敗してもしからないで

認知症になると、トイレの場所がわからなくなったり、おしっこが膀胱にたまる感覚が薄れるため、排泄の失敗が増えてきます。しかたないことなので、失敗しても決してしからないでください。犬が過ごす場所はペットシーツや洗えるカーペットを敷いておくなど、汚れてもいいようにしておきましょう。紙おむつをさせる場合は、皮膚病を防ぐためこまめに交換を。

次ページに続く

認知症対処のポイント

4
歩行異常には、危険がないよう対策

まっすぐ歩くことができなくなるなど、歩行異常が見られるのも認知症の行動の特徴。同じところをグルグル回る場合は、大きめのサークルに入れると安心です。後ずさりできなくなったときは、犬が入り込んでしまわないよう家具の配置を変えてすき間をなくすといいでしょう。また、ぶつかってもけがをしないよう家具の角などをカバーし、けがを予防しましょう。人間のベビー用の事故防止グッズも役に立ちます。

5
食欲異常には、少量ずつで回数の多い食事を

認知症により脳の満腹中枢が働かなくなることで、異常に食べるようになる認知症の犬もよくいます。その場合は、1日の食事量は変えずに1回の食事量を少なくして、回数を多く食べさせましょう。また、食間にもほしがるようなときは、低カロリーのおやつを利用しても。ただし、おやつも1日の食事量に含めて、トータル量の20%以内にしておきます。

6
攻撃的になっても、やさしく接して

体の痛みや、視覚・聴覚などの衰えからくる不安から、攻撃的になる場合もあります。そんなときは、犬が嫌がるようなことはしないよう心がけ、「急に体にふれない」「やさしく声をかける」「痛がるところにはさわらない」などの配慮をしましょう。

7
サプリメントを試しても

認知症の完治は望めませんが、初期からケアをすれば進行のスピードをゆっくりにすることも可能といわれています。DHA（ドコサヘキサエン酸）やEPA（エイコサペンタエン酸）の入ったサプリメントを与えることにより症状が改善したという例もあるので、獣医師に相談してみましょう。

悪性腫瘍（ガン）

7才過ぎから定期検診でガンを早期発見

犬は、7才が人間の約44才＝「ガン年齢」になります。できれば、このころから定期的に検査をし、疑いがあれば、X線、超音波、CT、MRIなどの検査によって確かめることが大切です。

ガンは、時間がたつとほかの器官に転移し、発見が遅いと命にかかわるので、早期診断・治療が原則です。

ガンの大別

●癌腫
上皮組織由来のガンで、リンパ管に沿って転移する。シニア犬に多く、進行は速め。

●肉腫
上皮組織以外の組織に由来するガンで、血管に沿って転移する。若い柴犬にも多く、進行は非常に速い。

【症状】
ガンは遺伝子の突然変異によって発生し、原因としては、遺伝子を傷つけたり、免疫を下げてしまう生活習慣にあると考えられます。部位によって症状はさまざまですが、体表にできた場合はしこりになるので、体をさわったときに発見できることも。しこりが大きくなる、体重が急に減る、変な咳をする、下痢や嘔吐が頻繁にある、元気がなく疲れやすいなどの様子も見られます。このような症状がそろえば、ガンの末期ということになります。

【治療】
主なものとしては、外科療法、放射線療法、化学療法などの方法があります。外科療法は、手術でガンの部位を切除します。この方法は、ほかの器官に転移するなど進行しているガンには効果がない場合があります。そのようなときは、広範囲に放射線をあて、ガン細胞を死滅させ、進行をくい止める放射線療法を行うことも。化学療法は、ガン細胞にダメージを与える抗ガン剤を、注射や経口で投与する方法です。主に全身に広がったガンに使われます。また、免疫を強化する免疫療法や、ガン再発にかかわる細胞を特定する「ステムセル療法」なども研究が進んでいます。
症状や進行具合によって選択肢が変わってくるので、治療に入る前から、獣医師としっかり相談しましょう。人間の場合と同様で、ガンをやっつけることだけではなく、犬の生活の質を保つことも大切です。家族間でも十分に話し合って、治療方針を決めていきましょう。

代表的なガンの種類

- 血液・造血器系：リンパ腫、血管肉腫、白血病
- 呼吸器系：肺ガン
- 泌尿器系：腎臓ガン、膀胱ガン
- 生殖器系：乳ガン、子宮ガン、精巣ガン
- 消化器系：口腔ガン、胃ガン
- 神経系：脳腫瘍、肥満細胞腫
- 筋肉・骨系：骨肉腫

など

柴犬の去勢と不妊手術

早期の去勢・不妊手術が大切

　繁殖の予定がない場合は、去勢や不妊のための手術を受けることを考えます。手術の時期は、発情や性成熟を迎える前が適していて、特に生後２～４カ月で去勢・不妊手術した場合、多くの病気の予防が期待できます。早いほうが、犬の体の負担も少なくなります。
　近年、手術費はかかりますが、腹腔鏡（ふくくうきょう）手術による不妊手術も行われていて、これは切開する部分が少ないので傷の回復もきわめて早く、痛みや体の負担もさらに少なくなります。

去勢手術をしていないオスは…

　オスの性成熟は通常、6カ月ごろ。去勢していないオスは、テリトリーを主張する本能が強くなります。性格にオスらしさが顕著に出て、ほかの犬と争うこともあります。足を上げておしっこをし、マーキングでにおいをつけるのもオスの本能です。オスには特定の発情期がなく、発情中のメスがいると発情して制御できないこともあります。

去勢手術をすると…

去勢手術

内容▶睾丸を摘出する手術
入院▶日帰り、または1泊
抜糸▶手術後1～2週間
適した時期▶生後２～４カ月ごろの、成熟を迎えるより前

メリット

- 前立腺の病気や、精巣・肛門周辺の腫瘍、ガンなどの予防
- 性的欲求によるストレスから解放され、攻撃性が軽減
- マーキングが減少

※ 基礎代謝が減るため、摂取カロリーを少し減らす必要がある。

発情期（生理中）の出血が気になるなら

犬が自分でなめることもあるので、出血量が少ないと、出血しているとわからないこともあります。ただ、室内飼いの場合だと、じゅうたんやソファなどに血がついてしまうこともあるので、それを避けるために、犬用のおむつやマナーパンツなどを利用してもいいでしょう。おむつやパンツは、排泄のタイミングを見て、はずしてあげることが必要です。

不妊手術をしていないメスは…

最初の発情期（初潮）は、通常4カ月～1才ごろと個体差があります。それ以降、半年ごとに発情期（ヒート）を迎え、外陰部が腫れて出血します。出血後、10日～2週間ほどが発情期にあたります。また、落ち着きがなくなり、おしっこを何度も少しずつします。発情期の間は、カフェやドッグランなど犬がいる場所には連れていかないようにしましょう。

不妊手術をすると…

不妊手術

内容▶卵巣と子宮を摘出する手術
入院▶数日間
抜糸▶手術後1～2週間
適した時期▶2～4カ月ごろの、初潮を迎えるより前

メリット

- 子宮の病気や乳ガンなどの発症率が低下
- 発情のストレスから解放され、飼い主も生理のわずらわしさがなくなる
- 万一の場合の望まれない妊娠を避けられる

※基礎代謝が減るため、摂取カロリーを少し減らす必要がある。

COLUMN

柴犬の妊娠と出産

繁殖を希望する場合は、生まれてきた子犬への責任を持たなくてはなりません。自分で飼えない場合、譲渡先が決まっていないのであれば、繁殖をさせてはいけません。

繁殖させる場合、信頼できるブリーダーや動物病院など、必ず専門知識を持った人に介在してもらうことが必要です。

● 出産適齢期

1回目の発情のあとでも妊娠は可能ですが、心身ともに成犬となる2回目以降が理想的。ただし、5〜6才を超えると母犬の体への負担が大きくなるので、1〜4才くらいがベスト。

● 妊娠期間

柴犬の妊娠期間は短く、約2カ月で、交配日から数えて63日前後が出産予定日。

● 妊娠の兆候

交配後3〜4週間で乳腺が張ってきて、
30日くらいたつと、おなかがふくらむ。
毎週体重を量り、体重が少しずつ増えていれば
妊娠している。
食欲が増してくることも。

→ 妊娠30日ごろに
かかりつけの獣医さんに診てもらうと、
触診や超音波検査により、
妊娠診断ができる。

妊娠中のメス犬の、乳腺が張った様子。

● 生まれる頭数

通常1〜3頭くらい。まれに6〜7頭生まれることも。
30〜90分おきくらいに1頭ずつ出産。

8章

困った行動の予防と対処法

「困った行動」は先回りして予防を

それぞれの行動の原因を見きわめ、ケースごとに対応を

飼い犬がほえたりかんだりすると、犬だけに問題があると考えられがちです。しかし、人間にとっては困る犬の行動も、犬にとっては理由があるもの。困った行動の背景にある主な理由を知っておきましょう。

ワンワン！

❶ 病気やけがのせい

まず確認が必要なのは、犬に病気やけががないか。病気やけがで痛いところがあって攻撃的になるといった場合もあります。すぐに診断してもらい、治療が必要です。

❷ 社会化の不足

犬は生後4カ月ごろまでが、社会化の感受性期として最も大切な時期。この時期、さまざまな人や動物、物事に慣れさせることが必要です。社会化が十分に行われなかった犬はよその人や動物、外の環境におびえたり警戒したりすることが続き、それが問題行動につながります（p.50も参照）。

❸ 生活状態が整っていない

必要な食事が与えられていない、運動不足でエネルギーが余って夜寝ないなど、生活状態が整っていないことが問題行動につながる場合も。食事や運動、睡眠や排泄など、基本的な生活を整えてあげるだけでも、行動が改善することがあります。

❹ そのほか

しつけ不足、飼い主との良好でない関係やコミュニケーション不足、環境要因などさまざまです。

飼い主の手に負えない場合、専門家に指導をあおぐ

困った行動をやめさせるためには、まずは犬をよく観察して原因を見きわめること。原因がわから

困った行動 1

飼い主をかむ

犬がかむのは、飼い主と犬が適切な関係を築けていないときや、飼い主が犬にとって無理な要求をしたとき、犬の意思に反して強引に何かをさせようとしたときです。犬は怒ったり、抵抗するためにかみつきます。そして、かむことによって、嫌なことをやめてもらえたという経験を一度すると、もっとかむようになってしまいます。

こうしてみよう

犬にかみつき癖がついてしまったときは、とにかく早めに、獣医師やトレーナーなどの専門家に相談することが必要です。

まずは、どのような場面で犬がかむのかを把握することから始めます。そのうえで、犬がかみつかないようになる接し方を、ケース別に考えていきます。たとえば、首輪をつけるときにかむという場合は、胴輪にかえてみたり、好物のフードを与えながら首輪をつけるなどの対処を行います。

飼い主を激しくかむ場合は、かまれてけがをしないよう安全確保をすること。犬を大きなサークルに入れる、室内でもリードをつけたままにする、ジェントルリーダーやヘッドカラーをつける、などの方法で、かまれない環境を整えましょう。

そのうえで、トレーナーの指示に従って犬が怒る必要のない生活を1カ月ほど続けてみます。すると、犬は徐々におだやかになってきます。犬が落ち着いたら飼い主とうまく生活できるよう基本のしつけを見直し、必要なものは再度訓練を行います。

ないまま無理やりいうことを聞かせようとすると、問題行動の修正がよりむずかしくなる場合があります。

飼い主の手に負えない場合は、動物病院で紹介してもらうなどして専門家に相談し、指導を受けながら、ケースごとに適切な対応をすることが大切です。

困った行動 2

いろいろな場面でほえる

犬がほえる理由は、大きく2つに分かれます。ひとつは「要求ぼえ」、もうひとつは「警戒ぼえ」です（「夜中ぼえ」などそのほかの「ほえ」もあります）。対処法が異なるので、まずは「何ぼえ」なのか見きわめましょう。

要求ぼえのケース

なぜ？

フードをもっとほしいときや遊んでほしいときなど、それを飼い主にアピールするためにほえます。

こうしてみよう

このときに、要求に添ってフードを与えたり、かまってあげたりすると、「ほえると飼い主がいうことを聞いてくれる」と学習してしまい、ほえることが習慣化してしまいます。要求にこたえることなく、無視しましょう。

警戒ぼえのケース

警戒ぼえの場合、その場面が何か嫌な印象と結びついているからです。ほえるのを防ぐには、嫌な印象をいい印象で上書きすることがポイントです。よくある場面別に対処法をまとめました。

1 お客さんに向かってほえる

なぜ？

お客さんは、犬にとって見知らぬ侵入者。自分のテリトリーに入り込む恐ろしい存在なのです。

こうしてみよう

お客さんからおやつを与えてもらい、いい印象を持たせるようにします。もし、家族の協力が得られるなら、お客さんの訪問の前に犬を散歩に連れ出してもらい、お客さんが家に入ってから戻ってきてもらうのもひとつの手です。このように、犬のテリトリーに人が入ってくる状態より、先に人がいる状態をつくり出すようにすると、ほえないことも多いのです。

来客に喜び、興奮してほえるときは？

お客さんを侵入者と見てほえる場合もあれば、お客さんが来て喜んで興奮し、ほえる場合も。喜んでいる場合は興奮をしずめるため、「オスワリ」「マテ」などをさせて落ち着かせます。それが無理なら、上と同じように、お客さんの訪問前に犬を散歩に連れ出し、お客さんが家に入ってから戻るようにします。犬は、来客を迎える立場だと興奮しがちですが、「散歩から帰ったら大好きなお客さんが家にいる」という状況ならリラックスしてお客さんに会うことができるでしょう。

❷ほかの犬にほえる

なぜ?

社会化期にほかの犬とのふれ合いが少ないと、ほかの犬が近づいてきたとき恐怖を感じ、自分から離れてほしいために攻撃前の警告としてほえます。

こうしてみよう

散歩中にほかの犬にほえる場合は、好きなおやつを持っていき、ほえそうになったらフードを見せ、犬の注意を引きます。それでもほえてしまったり、おやつに見向きもしない場合は、すばやくその場を立ち去りましょう。

また、ほかの犬に慣れさせることも大切です。まず、遠くにいる犬を見せ、ほえなかったらおやつを与え少し近づく、ということを繰り返してだんだん距離を縮めていきます（p.69も参照）。

❸インターフォンの音にほえる

なぜ?

犬にとってこわい侵入者であるお客さんが来るとき、必ず鳴るのがインターフォン。そのため、インターフォンの音に対し、犬はこわくて嫌な印象を持ち、ほえてしまうのです。

こうしてみよう

インターフォンが鳴ると楽しいことが起こるのだと、嫌な印象をぬぐうようにします。たとえば、飼い主が帰宅したときや、食事の合図としてインターフォンを鳴らし、音に対していい印象を与えるようにします。それでもほえるのがやまない場合、インターフォンの音をかえたうえで同じように行い、その音に対していい印象を持つよう学習させます。

夜中ぼえのケース

なぜ?

夜中にほえるのは、運動不足のケースがほとんど。日中、飼い主は仕事で、犬は留守番という場合によく起こります。飼い主の留守中、犬は寝ていることが多いので、体力が余ってしまうのです。

こうしてみよう

まずは毎日たっぷり散歩をさせ、疲れて夜を迎えられるようにします。日中仕事がある飼い主は、朝と帰宅後だけでもしっかり散歩させてあげましょう。また、夜遅くに、コング（p.97）に入れたおやつなど、時間をかけて食べられるものを与える方法も。食べることに夢中になって時間が過ぎ、そのあと朝までぐっすり寝るので、深夜ほえることはなくなります。

とびつく

なぜ?

飼い主に遊んでほしかったり、うれしいときの犬の愛情表現のひとつです。飼い主が相手をしたり騒いだりすれば、さらに興奮して何度もとびついてくるでしょう。

こうしてみよう

犬がとびつこうとしたら、手を出さずじっと立つか、その場を離れてしまいます。とびついても何もいいことはない、とわかれば、犬もほかに気が向くので落ち着くはずです。それでもしつこくとびつくときは、「オスワリ」「マテ」というように、とびつく動作とは同時にできないような行動を指示しましょう。

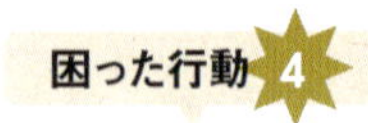

人に
マウンティング
する

なぜ?

以前は、マウンティングは自分の力を誇示するために行われると考えられていました。現在は、うれしいときや環境が変わったときの興奮によって犬の性的本能が刺激され、それによって引き起こされる行動だともいわれます。

こうしてみよう

興奮したときにマウンティングをするようなら、エネルギーを発散させることが大切です。たとえば、来客があったときにするなら、お客さんが来る前にたくさん散歩をして疲れさせておきます。

または、「オスワリ」「マテ」など、マウンティングと同時にできない行動をさせるように指示を出すのも手です。よその人にマウンティングしようとした場合には、「オイデ」で呼び戻しましょう。ただ、これには日ごろから飼い主に従うよう、しつけをしておくことが必要です。

困った行動 5

リードを引っ張る

なぜ？

飼い主より外の環境のほうが魅力的で、先へと進みたいのです。また、犬には、引っ張られると引っ張り返す「走性」という習性があります。そのため、飼い主がリードを自分の側に引っ張っていると、犬も逆側に引っ張り返し、結果的に前にグイグイ進んでしまう場合も。

こうしてみよう

犬がリードを引っ張るとき、おやつを見せて飼い主に意識を向かせ、引っ張るのをやめたら与えましょう。これを繰り返すうちに、飼い主のほうを意識しながら歩くようになり、結果的にリードの引っ張りが弱くなります。p.78〜79を参考に、飼い主について歩く練習もしっかりしましょう。

困った行動 6

呼んでも来ない

なぜ？

室内で呼んでも来ないのは、「オイデ」（p.62）の練習不足でしょう。外で来ない場合は、周囲のものに興味が広がり、飼い主に意識が向かないためです。室内で「オイデ」ができても、外に出て環境が変わるとできないことはよくあります。

こうしてみよう

室内で呼んで来ないときは、p.62〜63を参考に、「オイデ」が確実にできるまで、練習を繰り返してください。

外で呼んでも来ない場合は、まず、静かで人のいない公園などに行き、ごく短い距離から「オイデ」の練習を始めます。飼い主との距離を少しずつ伸ばしていき、うまくできるようになったら、今度は人の多いところで「オイデ」ができるようにしていきましょう。ただ、外では突発的な事故に備え、常にリードを離さずに練習することが大切です。

困った行動 7

室内で排泄ができない

なぜ?

飼い主が、散歩＝トイレタイムと決め、日ごろから外で排泄させていると、室内で排泄できなくなることがあります。

こうしてみよう

ペットシーツ＝排泄の場と学習させます。外でいつも排泄する場所の土を持ってきてペットシーツの上にまくか、外の排泄しやすい場所（草むらや電柱下など）にペットシーツを置き、排泄するのを待ちます。室内でうまく排泄できたら、たくさんほめることを繰り返すと、室内でするようになるでしょう。ただし、室内でさせる回数は、いきなりではなく徐々に増やすことが大切です。庭先→玄関の外側→玄関の中と、だんだん排泄場所を室内に近づけていく方法もあります。

トイレ以外の場所で排泄する

なぜ?

トイレトレーニングの不足や、ペットシーツと似た材質の床材などをトイレと間違えている、などが考えられます。ペットホテルや病院から戻ったあとなどは、急にトイレ以外ですることも。頻繁にトイレ以外の場所でするときは、膀胱炎などの病気も考えられます。

こうしてみよう

トイレトレーニングをしっかりやり直すことが必要です。トイレの場所を増やし、ペットシーツを広めに敷いて､その場所でできたらほめます。ペットシーツと間違えそうな材質の床材は、とり除いて。

ペットホテルなどで、床などに直接、排泄させるところに預けた場合は、家でも床で排泄する習慣が残ってしまうことがあります。預けるときには、排泄環境を確認してからに。トイレ以外でする回数が急に増えた場合は、念のため受診を。

困った行動 9

家の中のものや家具をかじる

なぜ?

家の中のものや家具などを、おもちゃがわりにしているのです。留守番をさせていて戻ってきたら、スリッパがボロボロに! 家電製品のコードがズタズタに!! なんていう話も聞きます。

こうしてみよう

まずは、犬にかまれて困るものは、手の届かない場所へ片づけること。動かせない家具は、ガードをつけるか、かじり防止のにおいつきスプレーをかけるなどの対処を。あとは、おもちゃをいろいろ与えましょう。

困った行動 10

ペットシーツをグチャグチャにする

なぜ?

これも、おもちゃが足りなくて、ペットシーツをおもちゃがわりにしているのです。ペットシーツで遊んで楽しかったことがあり、ペットシーツ=おもちゃと学習してしまったのかもしれません。

こうしてみよう

かんでもいいもの、遊んでいいものを、犬のまわりにたくさん置いてあげましょう。どうしてもペットシーツで遊ぶようなら、シーツをはさんで固定するタイプのトイレを用意し、シーツでいたずらできないようにします。それでもおさまらない場合は、かじり防止のにおいつきスプレーをシーツに少しだけかけてみるといいでしょう。

困った行動 11

自分のうんちを食べる

なぜ?

これは「食フン」と呼ばれる行動で、ひまつぶし、好奇心、栄養不足などのほか、飼い主との接触が少ない、うんちを食べれば人が注目してくれてうれしい、うんちにドッグフードのにおいが残っているなど、さまざまな原因説があります。

犬のうんちには、寄生虫の卵や伝染病の病原菌が入っていることもあるので、見つけたらすぐやめさせましょう。

こうしてみよう

うんちをしたら、すぐに片づけることが鉄則です。うんちを食べているのを見たときに騒ぐと、犬はとられると思ってあわてて食べてしまうことがあるので、静かに片づけましょう。また、うんちに嫌なにおいつきスプレーをかけたり、うんちが苦くなる市販のサプリメントを与える方法もあります。

困った行動 12

ごみ箱をあさる

なぜ?

好奇心からごみ箱をあさり、中からおいしいものやおもしろいものが出てきた、という体験が今までにあったのでしょう。ごみ箱をあさると、危険なものを食べてしまう可能性があるのでやめさせましょう。

こうしてみよう

ごみ箱をあさるのは、留守番中など主に犬だけで過ごしているとき。ごみ箱はふたつきの開かないものにするか、ごみ箱自体を犬の手の届かない場所に置くなど、あさらせないですむ環境を工夫しましょう。

犬だけで過ごさせるときには、楽しいおもちゃや時間をかけて食べられるおやつなど(p.97参照)、ごみ箱よりも魅力的なものを事前に用意してあげることも忘れずに!

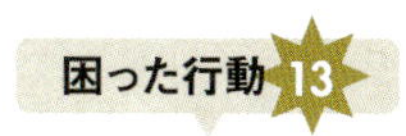

ほかの犬と仲よくできない

なぜ?

社会化（p.50）の時期にほかの犬とふれ合う機会が少ないと、ほかの犬が苦手なまま育ってしまうことがあります。また、ほかの犬を気にしやすいタイプだと、成犬になってからほかの犬が近づいたとき、攻撃的な態度を見せることがあります。

こうしてみよう

まず、p.80を参考に、外でほかの犬とすれ違うトレーニングをしましょう。それができたら、次はほかの犬に近づくトレーニングをします。最初は犬同士離れたところから始め、少し近づけたらおやつを与え、また少し近づけたらおやつ……ということを繰り返し、ほかの犬をいい印象と結びつけます。数日かけて、徐々に距離を縮めていきます。

また、近寄っても大丈夫な犬がいるなら、その犬と飼い主に協力してもらいます。大丈夫な犬と、苦手な犬にいっしょにいてもらい、そこへ近づくようにすると、苦手な犬だけがいる場合より、スムーズにいくことが多いでしょう。

ワールドクラスの動物病院
ダクタリ動物病院

本書を監修していただいたダクタリ動物病院は、最先端の医療技術で診察にあたっています。「動物にも人にもやさしい」この病院をご紹介します！

（写真はすべてダクタリ動物病院 東京医療センター）

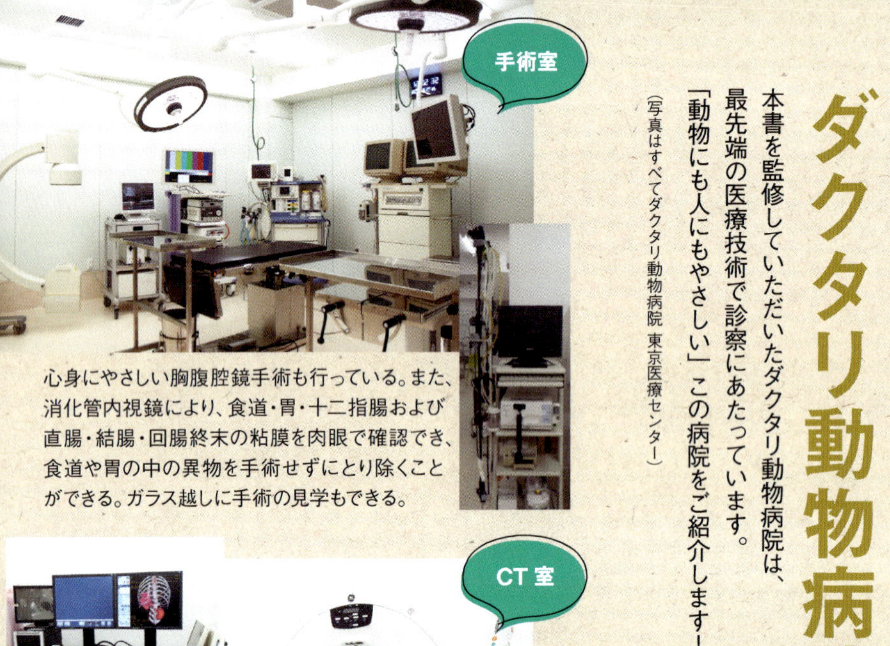

心身にやさしい胸腹腔鏡手術も行っている。また、消化管内視鏡により、食道・胃・十二指腸および直腸・結腸・回腸終末の粘膜を肉眼で確認でき、食道や胃の中の異物を手術せずにとり除くことができる。ガラス越しに手術の見学もできる。

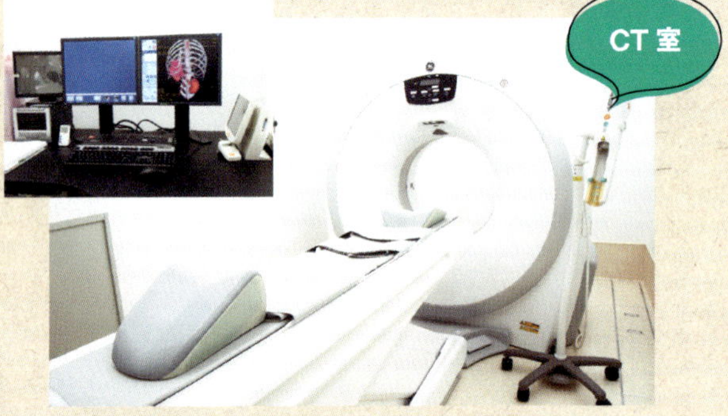

高画質でより緻密な撮影ができる最新のCT装置を導入。画像は3Dでも見ることができ、データを残すことで、病気の進行・治癒状況が時間をおいて比較できる。

本書のご指導をいただいた先生方

獣医師

富田真理 先生

岩手大学農学部獣医学科卒業後、2006年よりダクタリ動物病院勤務。日本動物病院協会（JAHA）の動物介護活動に3年間参加。人と動物と自然の絆を大切にし、犬や猫の社会化を通じて、動物の体だけではなく心の健康もサポートできる獣医療を推進する。

動物看護師

斉藤美佳 さん

AHA認定動物技術師1級／認定動物技術師。専門学校ルネサンス・ペットアカデミー卒業。2009年ダクタリ動物病院勤務。アメリカの動物行動学に基づく、犬のしつけトレーニング法を学び、数多くのパピークラスを開催。2010年よりトイ・プードルのパートナー"美羽"といっしょに老人ホームや学校を訪れる動物介在（ボランティア）活動も積極的に行っている。

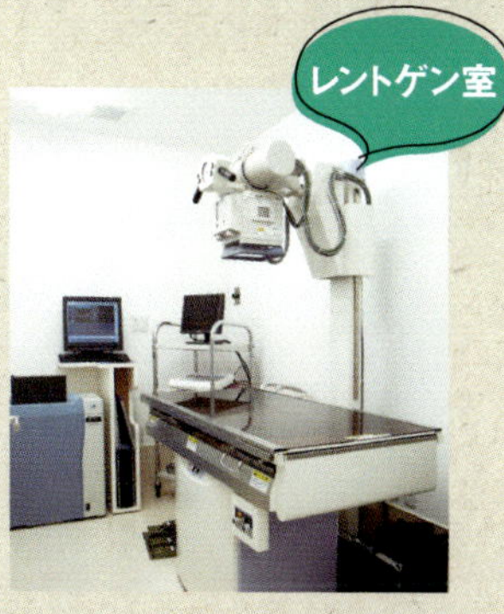

最高グレードのX線装置を導入。画像データを即座に診察室のモニターで見ることができる。

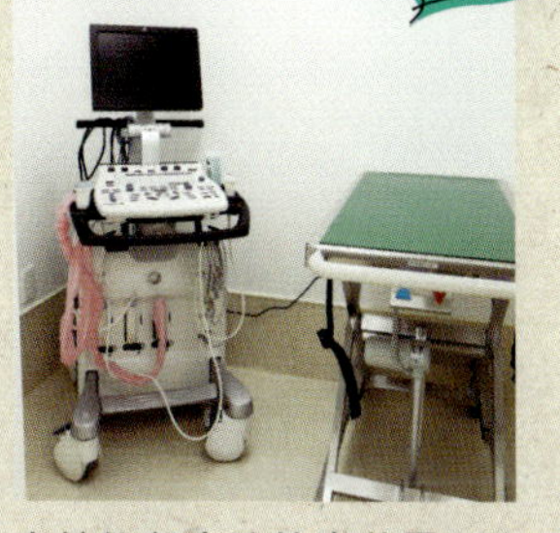

高性能超音波検査装置を導入。超音波の静止画像、動画のデータを即座に診察室のモニターで見ることができる。

電子カルテや各種検査画像を、モニターで見ることができる。個室なので、犬も落ち着いて診察が受けられる。

極小な泡で毛穴の奥まで洗い、健康な肌とフワフワな毛を保てるマイクロバブルや薬浴も利用できる。多様なシャンプーの中から、犬の皮膚の状態に合ったものを選べる。

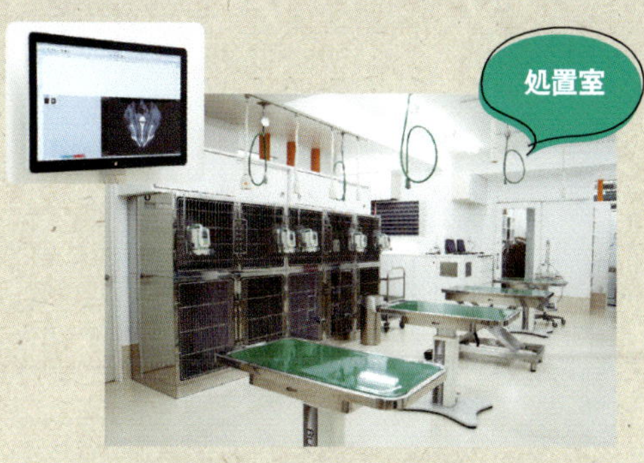

診察室同様、CT画像やX線画像、超音波画像などを、壁面のディスプレイで見ることができる。血液などの検査データは自動で電子カルテにとり込まれる。

● **ダクタリ動物病院 東京医療センター**
東京都港区白金台5-14-1
白金台アパートメント2F
☎03-5420-0012

● **ダクタリ動物病院 久我山**
東京都杉並区久我山3-7-27
☎03-3334-3536

● **ダクタリ動物病院 代々木**
東京都渋谷区富ヶ谷1-30-22
MAPLE WOOD 11 bld. 1F
☎03-5452-3060

※通常診療は完全予約制。
救急救命は24時間。年中無休。

ダクタリ動物病院は、東京都内に3病院あります。

ダクタリ動物病院の
スタッフ犬・琴ちゃん

トリマー

中央動物専門学校・愛犬美容科卒業後、2009年ダクタリ動物病院勤務。ワンちゃん、ねこちゃんの体調をいちばんに考え、皮膚の状態や被毛の質やくせなどをしっかりと確かめ、その子に適したシャンプー選びや、病気の早期発見を心がけている。

関谷はるか
さん

Staff

取材・文	村田弥生
装丁・本文デザイン	澁谷明美（CimaCoppi）
撮影	佐山裕子、鈴木江実子（主婦の友社写真課） 小室和宏、 三富和幸（DNPメディア・アート） 近藤 誠
イラスト	chizuru
校正	北原千鶴子
撮影協力	松本博之　伊藤美穂子
編集担当	松本可絵（主婦の友社）

※本書は『はじめての柴犬 飼い方 しつけ お手入れ』（2012年刊）に新規内容を加え、再編集したものです。

柴犬の気持ちと飼い方がわかる本

2018年 6月30日　第1刷発行
2024年 5月10日　第5刷発行

監修	加藤 元、岩佐和明
発行者	平野健一
発行所	株式会社主婦の友社 〒141-0021　東京都品川区上大崎3-1-1 目黒セントラルスクエア ☎03-5280-7537（内容・不良品等のお問い合わせ） ☎03-5280-7551（販売）
印刷所	大日本印刷株式会社

ISBN978-4-07-431792-9

■本のご注文は、お近くの書店または主婦の友社コールセンター（電話0120-916-892）まで。
＊お問い合わせ受付時間　月〜金（祝日を除く）　10:00〜16:00
＊個人のお客さまからのよくある質問のご案内
https://shufunotomo.co.jp/faq/